工廠叢書 ⑪③

企業如何實施目視管理

鄭貞銘/編著

憲業企管顧問有限公司　　發行

《企業如何實施目視管理》

序　言

「葫蘆裏賣的什麼藥？」是人們對看不到問題實質的事物，就會產生的困惑，如果這個葫蘆是透明的，那麼這種困惑就不會出現了。

目視管理就是把單位中潛在問題顯現出來，讓任何人一看就知道問題所在的一種視覺管理方法。在日常活動中，我們是通過視覺、嗅覺、聽覺、觸覺、味覺來感知事物的，其中最常用的是視覺。據統計，人的行動的 60%是從視覺的感知開始的。因此，在日常管理中，目視管理是強調各種管理狀態與方法都應清楚明瞭，達到一目了然，容易明白與遵守，從而讓員工自主地理解與執行各項工作，無疑會給管理帶來極大的好處。，

目視管理就是以顏色、文字、圖表、圖片等方式，提醒相關人員應該遵守的方法及傳達必要的資訊，創造一目了然的工作場所，達到提升績效、預防管理之目的。

「目視管理」本身就是一項非常好的管理工具，它不僅使管理變得目視化、具體化、生動化、活潑化，它更激起員工積極地、主動地參與到這項管理活動中。

工廠正確運用「目視管理」，是工廠所有管理、改善活動的基礎，工廠若不能有效的實施目視管理，各種活動都難以落實執行。

本書所介紹的目視管理，可適合於各種行業別的工廠， 工廠各部門均可使用目視管理作法，例如生產管理、生產現場管理、設備管理、廠區佈置、物料管理、倉儲管理、採購管理、模具管理、品質管制、勞動安全管理等，都證明可以加強管理素質，提升工廠的經營績效。

將「目視管理」運作良好的工廠，由其現場所公佈的各種圖表和運作方式，就可以清楚瞭解該公司的實際運作高效狀態。

本書為了方便讀者閱讀，掌握目視管理的精髓及推行方法，作者以大量的實例、圖表加以說明其操作技巧，具體詳加介紹工廠各部門目視管理的成功實務經驗。

作者擔任工廠顧問師，對工廠輔導經營有資深經驗，本書目視管理內容適合各種形式、各種行業別的生產工廠都可使用，都被證明可立刻引用，提升工廠績效，希望讀者在閱讀本書後，對貴公司的事業能助你一臂之力！

2020 年 2 月

《企業如何實施目視管理》

目　錄

第 7 章　生產現場的目視管理方法 / 182

第 8 章　設備的目視管理方法 / 193

第 9 章　生產管理的看板製作方法 / 204

第 10 章　採購的目視管理方法 / 222

第 11 章　廠區標誌的目視管理 / 235

第 12 章　物料的目視管理 / 248

第 13 章　倉庫的目視管理方法 / 260

目視管理的作用

一、目視管理的先天優異性

由於市場需求的日益多元化、個性化，迫使企業對市場需要的產品，在需要的時候，以消費者能夠接受的價格，提供需要的數量。達成切入市場所要面對的「多品種、少批量、高品質、短交期、低價格」的變種變量生產的時代需求。

豐田公司及時生產(JIT)的出現即為了適應這種需求。1955 年，豐田公司董事長在美國參觀大型超級市場時，他看到顧客一邊推著手推車，一邊將自己想要的東西，在需要的時候，取出自己需要的數量。因此，他將這一現象移植到當時的生產線上，即超級市場相當於前工程，顧客相當於後工程，後工程在必要時，到前工程購進必要數量的產品，而前工程立刻對後工程需要的數量加以補充。經過三十年的不懈努力，豐田公司創造了獨具特色的準時生產(JIT)方式，代替過去的大量生產，而促使豐田 JIT 取得成功的核心即看板管理，看板管理就是充分運用目視管理的結果。

因為汽車、家用電器等產品一般採用較長的生產線，如果生產線上發生一次加工不良或零件不良，馬上就會產生許多不良產品。為了迅速區別產品品質狀態的好壞，以及識別生產有無延期，就必須制定出用目視能判斷現狀是否正常的方法，即使沒有專業知識的人員，也很容易瞭解，出現異常能馬上判斷，這就是現在工廠普遍採用的目視管理。目視管理具有以下的先天優異性。

1. 口頭表述的缺點

培訓部的主管曾經就生產部升降機放置物品的正確方法做過一個試驗，他先將與操作升降機相關的 20 名員工集中到培訓室，花了半小時進行了一次關於升降機物品正確放置方法的培訓。

事後做了一個調查發現，在所有的 20 名員工中，培訓後能留在記憶中的：

13 小時後 70%；23 天后 10%；33 週後 4%。

圖 1-1　口頭表述的缺點

2. 文字表述的缺點

接著主管將培訓的內容歸納成一句話，張貼在升降機門口。過了一段時間又進行了一次調查發現，只用文字表述的問題，能留在記憶中的：

13 小時後 72%；23 天后 20%；33 週後 8%。

3. 圖文並茂的優點

主管對這個結果仍然不滿意，他又作了一個創新，這次將正確的放置方法和不正確的放置方法畫了一個圖，並與警示性說明一起張貼在升降機的門口。這一次的調查結果顯示，用文字和圖來表示的問題，能留在記憶中：

13 小時後 85%；23 天后 65%；33 週後 54%。

圖 1-2　圖文並茂的優點

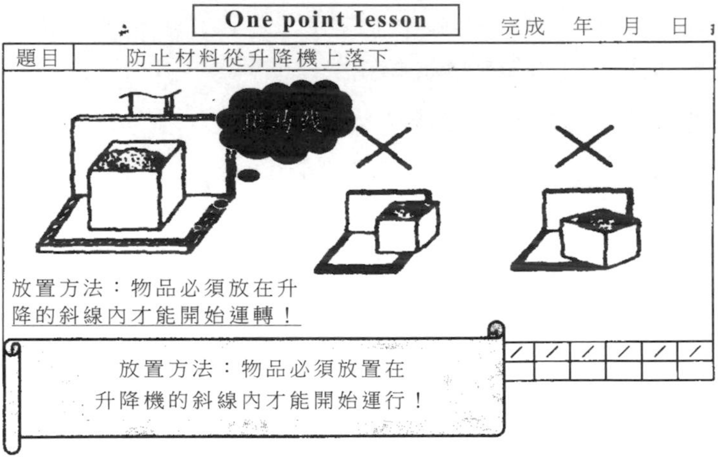

One point lesson　　完成　年　月　日

題目　防止材料從升降機上落下

放置方法：物品必須放在升降的斜線內才能開始運轉！

放置方法：物品必須放置在升降機的斜線內才能開始運行！

從以上例子可知，目視管理就是用圖表和文字等各種目視化工具來讓問題明顯化，便於判斷。過去常說「百聞不如一見」，就能證明目視管理的有效性。

二、目視管理的目的

目視管理的最終目的是為確保和提高企業(工廠)的長期利益和短期利益。

1. 長期利益

⑴使工作場所潛伏的問題能在隱伏階段就被發現和處置，以防止引起災害、事故、品質方面的問題，把問題杜絕在萌芽階段。

⑵使因人為因素不可避免出現的錯誤，如因精神不佳對現場問題判斷錯誤或操作失誤等無意識差錯，造成的安全、品質等方面的損失得以及時防止。

⑶消除作業浪費，提高日常工作的效率。

⑷使管理更加透明化，形成人人管理的氛圍。

2. 短期利益

⑴可以使產品的品質得到長期的保持。

⑵可以縮短生產週期、提高庫存週轉率。

⑶還可以為員工創造一個安全的工作環境。

⑷可以有力地促進現場 5S 的深化。

三、目視管理的作業方法

目視管理就是把單位中潛在的問題顯現出來，讓任何人一看就知道問題所在的一種視覺管理方法。在日常活動中，我們是通過視覺、嗅覺、聽覺、觸覺、味覺來感知事物的。其中，最常用的是視覺。據統計，人的行動的 60%是從視覺的感知開始的。因此，在日常管理中，強調各種管理狀態與方法都應清楚明瞭，達到一目了然，容易明白與遵守，從而讓員工自主地理解與執行各項工作，無疑會給管理帶來極大的好處。例如：

1. 交通用的紅綠燈管理：紅燈停，綠燈行。

2. 包裝箱的箭頭管理：有零件的箱箭頭朝上（↑），無零件的箱箭頭朝下（↓）。

3. 排氣扇上綁一根小布條，看見布條飄起即可知道排氣扇的運行狀況。在商品日趨豐富的今天，企業為了生存發展需要從各個方面滿足消費者的需求，於是不得不進行多品種、少批量、短交貨期的生產，從而加大了對現場、現貨的管理難度。而目視管理作為一種管理手段，能使企業員工減少差錯，輕鬆地進行各項管理工作。

為了達到容易明白與遵守的目的，目視管理要符合以下三大要點：

1. 無論是誰都能判斷是好是壞，是正常還是異常。

2. 精確度高，能迅速判斷。

3. 判斷結果不會因人而異。

目視管理作為使問題顯露化的道具，效果立竿見影。但是，僅僅使用顏色，不根據具體情況在易於使用上下工夫，是沒有實際意義的。因此，下工夫使人們都能用、都好用是實施目視管理的關鍵所在。

工廠管理的目視管理，其定義是「一看便知」。用通俗易懂的話來敍述就是用「眼睛」通過觀察來完成管理任務。

這種全新的管理方式，是把大家的眼睛當作管理的雷達，將企業內部需要管理的各個區域、應該瞭解的資訊、異常的問題、不良的現象等，通過每一個人的視覺神經，傳遞到大腦，使管理的現場資訊得到及時的收集、分析、整理和傳遞。

目視管理利用全員的雙眼，作為管理的輔助工具，讓大家通過觀察，就知道管理的指令、管理的目標和方向、個人行為的對與錯、與他人的協調配合要求等。

目視管理利用形象直觀、色彩適宜的各種視覺感知資訊來組織現場生產活動，達到提高勞動生產率目的的一種管理方式。它以視覺信號為基本手段，以公開化為基本原則，盡可能全面的、系統的將管理者的要求和意圖讓大家都看得見，藉以推動自主管理、自我控制。所以目視管理其實是以公開化、視覺化為特徵的一種管理方式，所以又被稱為「看得見的管理」。

管理工作千頭萬緒，除了要運用重點管理技術來抓好關鍵性、緊急性的工作，還要懂得例外管理技術的運用，過濾一些重要但不急切的事情，並利用分權管理技術，把可以由部屬分攤的工作授權出去，沒有必要事必躬親，再加上有效的利用目視管理技巧，把許多事情化繁為簡，並用眼睛一看便知，而且是所有與之有關係的人都能「一看便知」，這樣的管理者可以算是大師級的了。

所謂目視管理，是指用直觀的方法揭示管理狀況和作業方法，讓全體員工能夠用眼睛看出工作的進展狀況是否正常，並迅速地作出判斷和採取對策的方法。

凡是與現場人員密切相關的規章制度、標準，定額等，都需要公佈於眾。

與崗位人員直接有關的，應分別展示在崗位上，如崗位責任制、操作程序圖、技術卡片等，並要始終保持完整、正確和潔淨。

目視管理、看板管理是非常重要的。毫不誇張地說，目視管理、看板管理實施得如何，很大程度上反映了一個單位的現場管理水準。

每天花費許多時間翻找資料，到處詢問工具被誰拿走了，這些於不知不覺中降低效率的事情，在目視管理實施不好的單位裏，隨處可見。如果能將所有檔物品分門別類擺放，在標記上用顏色加以區分，再在檔夾上斜貼膠帶明確位置；或者對工具進行形跡管理，再準備一些經常使用者的姓名牌及使用區域牌，誰拿走了便將姓名牌及使用區域牌放置在相應的位置，這樣工具有沒有丟失，被誰拿走了，正在何處使用等，便一目了然。

此外，還可以下工夫對零件、消耗品、文具等備用品進行高水準的目視管理。如果上述物品目前在庫數、安全在庫數、下單購買點、每回購買數、購買週期等專案任何人一看便知的話，何愁作業者請幾個星期的假呢？這樣，很容易就能把損失的效率在目視管理中「揀回來」。

如果裝過某種油類的瓶子，又用於盛裝另一種油，長期下來對設備的影響可想而知；如果裝過某原料的容器，又用於盛裝另一原料，在很多情況下，這種混料會對產品品質產生不良影響；混合生產（例如同時組裝不同的品種）的流水線上裝錯零件的現象時有發生。以上這些情況，如果對不同種類的油或原料的盛裝容器加以顏色區分，用不同顏色的紙代表不同的品種，出錯的可能性一定會大為減少。

「這個表怎樣填寫？」「這件事情該怎麼辦？」「煩死了，經常有人問。」如果這樣的對話經常在一個單位裏發生，我們能相信會有融洽的人際關係嗎？如果人事、總務等部門的各種表格都有詳細的樣本可看，每一件事情的流程都已標示出來，那麼導致衝突的因素自然就消失了。

所有部門的服務意識都非常好，一切都井然有序，清楚明瞭，這對新員工來說，能減少初進一個陌生環境的緊張感，從而士氣高昂地投入工作。對員工來說，能減少許多不必要的工作，在這樣的環境裏工作，自然會很開心，而這一點對工作又是何等的重要！

不管是在現場，還是在辦公室，目視管理都大有用武之地。在領會其要點及內涵的基礎上，大量使用目視管理無疑會給企業內部管理帶來極大的好處。

目視管理的運用範圍十分廣泛，主要的運用於日常管理工作中，如何應用最簡便的標示來減少管理的依存度，又可提高工作效率，又不容易出差錯。

四、目視管理有那些優點

1. 明確管理內容，迅速傳遞信息

在作業現場，要管理、傳達的事項無非是產量(P)、品質(Q)、成本(C)、交期(D)、安全(S)、士氣(M)等六大活動項目，利用圖表顯示其目標值、實績、差異，以及單位產出(每單位人工小時產出)、單位耗用量(每批產品或每個產品所消耗的材料費、勞務費)等。

目視管理依據人們的生理特性，充分利用信號燈、標示牌、符號、顏色等方式發出視覺信號，鮮明準確刺激神經末梢，快速傳遞信息。

目視管理工具要考慮字體大小，或構思生動的圖畫或漫畫及底色與字體顏色有強烈對比等。畫面如果生動活潑的話，不但可激發有關人員的興趣，且可加深印象，使其能「看圖識事」，而達到「一目了然」的效果。另外，要留意底色與字體顏色的配襯。

2. 利於提高現場工作效率

管理人員在現場組織和指揮生產，實質上是在發佈各種指揮資訊。現場生產的過程，也就是操作工人接收指揮資訊後採取行動的過程。在機器大生產的條件下，生產系統高速運轉，要求資訊的傳遞和處理快、準、不失真。如果每個與操作工人有關的資訊都要由管理人員直接傳達，那麼擁有成百上千個工人的生產現場，將要配備多少管理人員？

目視管理為解決這個問題找到了簡單、快捷的方法。因為操作工人接受資訊最常用的感覺器官是眼、耳和神經末梢，其中又以視覺最為直接、普遍。可以發出視覺信號的手段有信號燈、圖表、標識牌、儀器、電視、廣播等。視覺信號的特點是形象直觀、易讀易識、簡單方便。在有條件的生產崗位，都可以充分利用視覺信號顯示手段，迅速而準確地傳遞資訊，無需管理人員現場指揮即可有效地組織生產。

3. 使操作內容易於遵守、執行

為了使物流順暢以及促進人員、物品的安全起見，在地面畫三種區域線，亦即為物品放置區的「白線」、安全走道的「黃線」、消防器材或配電盤前面物品禁放區的「紅線」，這些標準不管是誰都要遵守，而且不管是管理者還是監督者，都能依物品位置的實況，判定是否正常，如果是異常的話，立刻能發現並及時糾正。如果作業員都能遵守區域線的規定，萬一發生事故，就能立刻拿到消防器材或切斷電源開關，而不會延遲搶救時機。如此一來，物品既可放得井然有序，又可確保人員、物品安全。

除此之外，目視管理使要做的理由（why）、工作內容（what）、擔當者（who）、工作場所（where）、時間限制（when）、程度把握（how much）、具體方法（how）等 5W2H 內容一目了然，能夠促進大家協調配合、公平競爭，還有利於統一認識，提升士氣。

4. 管理透明度高，便於互相監督，發揮激勵作用

實施目視管理，對生產作業的各種要求可以做到公開化、指標化。幹什麼、幹多少、怎樣幹、什麼時間幹、在什麼地點幹等問題一目了然，這就有利於生產工人配合默契、互相監督，使違規現象不易隱藏。

例如，可根據不同工廠和不同工種的生產特點，規定穿戴不同的工作服和工作帽，就很容易使那些串崗聊天、擅離職守的人處於公眾監督之下，促使其自我約束，從而逐漸養成良好的習慣。

又如地方政府對企業實行的掛牌制度，企業按照產品質量、稅

收、計劃生育、合同守信、環境保護等經過考核，按優秀、良好、較差、劣等四個等級掛上不同顏色的標誌牌。

生產工人按照產品合格率、成本、考勤等指標進行考核，合格者佩戴臂章，不合格者無標誌。這樣，目視管理就能起到鼓勵先進，鞭策後進的激勵作用。

機器化生產一方面要求有嚴格的管理制度，一方面又需要培養人們自主管理、自我控制的習慣與能力，而目視管理為此提供了卓有成效的管理方法。

5. 能產生良好的生理和心理效應

人們對改善生產條件和環境，往往注意從物質、技術方面著手，容易忽視現場生產人員的生理、心理和社會特徵方面的需求。比如，那些提供控制功能的儀器、儀錶是加強現場管理不可缺少的基本條件。但是那種形狀的刻度表容易認讀？數字線條粗細的比例多少才最好？白底黑字是否優於黑底白字？還有沒有其他更好的對比色，等等，人們對此一般考慮不多。然而這些因素正是降低誤讀率、減少事故所必須認真考慮的生理和心理需要。

誰都知道工廠內外的環境必須乾淨整潔。但是，不同工廠(如翻砂廠、機加工廠房、熱處理廠房、組裝廠房)，其牆壁是否應「四白落地」，還是採用不同的顏色？什麼顏色最適宜？諸如此類的色彩問題也同樣和人們的生理、心理和社會特徵有關。

6. 問題明顯化

企業在追求利潤最大化的同時，一方面要擴大生產的種類和數量，另一方面要減少生產人員和管理人員。人員的減少，工作範圍的增加，就會使生產的內部管理無法面面俱到，問題被隱瞞的機會自然會加大。而這種管理上的差異，如果不去發現它們的話，就很有可能一直以潛在的形式存在於企業的某個角落裏，慢慢地吞蝕著企業的利益。

而目視管理，則能通過視覺將各種不利差異和現象，自然、直觀及時地呈現在人們的視野中，也不必花費太多的人力，就能將這種差異化的問題顯現化。管理者就能隨時瞭解生產計劃和實際數量之間的差異，並及時進行修正，確保生產計劃的順利完成。

7. 直觀地顯現異常狀態

不管誰看到目視管理的工具，都能清楚地知道不對的地方，促其儘早採取改善對策，設法使損失降至最低程度。

目視管理能將潛在問題和浪費現象直觀地顯現出來。不管是新進員工還是其他部門的員工，一看就懂，一看就會明白問題所在。

目視管理即任何人利用視覺化工具，任何人只要稍微看一下，就知道是怎麼一回事，應該怎麼辦。現場管理人員在現場巡視時，可以透過目視化工具瞭解同類型機器的速度或不同時段同一台機的速度有否異常狀況，確實掌握人機稼動、物品的流動情況是否合理、均一。依排程計劃生產時，可利用標示、看板、表單、區域線等目視化工具，監控有關原物料、配件、半成品、成品等現場的動態，是否處於搬運、移動、停滯、保管狀況，掌握物品的加工、數量位置，達到「必要的物品只在必要時間、必要場所供應」的要求。

8. 實現預防管理

預防管理是未來管理的必然趨勢，為使預防管理能在生產現場中徹底實現，必須徹底實施生產現場的目視管理，形成用眼睛馬上能發現異常，並能迅速擬訂對策。即使平時不太瞭解生產現場情況的總經理、經理等，只要走到現場，看到各種清晰醒目的標誌，也會對生產現場的大體情況有所瞭解。

現場作業員只要稍用眼睛看一下管理的工具之後，就能立刻清楚物流的狀態。因此，每一位作業員都清楚目前的工作量約有多少、下一步應該做什麼工作，能做到自主控制，並採取適當的行動調整目前的工作量，實現預防管理。因此，透過目視管理的實施，如果作業員未按區域線的規定放置物品，班長或組長立刻會發現，當場就可對作業員加以指正。

9. 促進企業文化的形成

目視管理透過對員工的合理化建議展示，優秀事蹟和先進人物表彰，公開討論欄、企業宗旨方向、遠景規劃等健康向上的內容，使全員形成較強的凝聚力和向心力，建立優秀的企業文化。

將獲得認證的員工照片及獲證狀況貼出來，可以激勵當事人，並鼓舞其他人產生學習的意願，從而形成學習的氣氛。

五、目視管理實施作用

1. 管理透明化

目視管理即任何人利用視覺化工具，只要稍微看一下，就知道是怎麼一回事，應該怎麼辦。

例如，現場管理人員在現場巡視時，通過目視化工具可瞭解同類型機器的速度，或不同時段同一台機的速度有不一樣的異常狀況，確實掌握人機稼動、物品的流動情況是否合理、均一。依排程計劃生產時，可利用標示、看板、表單、區域線等目視化工具，管理有關原物料、配件、半成品、成品等現物的動態，是否處於搬運、移動、停滯、保管等狀況，掌握物品的加工、數量位置，確保現物符合 JIT 的要求，達到「必要的物品只在必要時間、必要場所供應」。

2.誰都能迅速判斷

目視化工具可作為事態是否正常及水準如何的判定標準，且任何人都能迅速判斷及遵守。

例如，進行 5S 的整頓活動時，地面上用油漆畫上或用膠帶貼上三種線，那就是區域線（白線、黃線、紅線）。亦即，要將物品放在規定的放置區（白線），不能超出安全道（黃線）。如此一來，發生事故時，不管是人員或機器（包括叉車、電動拖板車等）都可全速在安全道上奔馳。另外，在配電盤或消防器材前面，用紅線畫上一禁放區，不許任何物品侵入其中（紅線）。如果作業員都能遵守區域線的規定，萬一發生事故時，就能立刻拿到消防器材或切斷電源開關，而不會延誤搶救時機。如此一來，物品既可放得井然有序，又可確保人員、物品安全。

因此，通過目視管理的實施。如果作業員未按區域線的規定放置物品，班長或組長立刻會發現，當場就可對作業員加以指正。

3.層別問題

在作業現場，如果人員、設備都在稼動，從表面上無法瞭解進行的工作是否符合預定的進度，是否達成目標，例如：

⑴制程是否穩定？工序能力如何？趨勢如何？

⑵機械的振動是否在安全範圍內？潤滑油濃度是否在管制狀態？

⑶正在進行何種作業？何時完成？能否如期交貨？

⑷工作是否依預定計劃完成？為何這台機器停機？

⑸如何採取對策挽救生產落後？

對於上述情況，必須借助目視化的機電化燈號或管理圖表，從燈號、圖表上瞭解必要的資訊，進而作為改善、追蹤的有效工具。

目視管理尤其可以使工廠一些隱沒的狀況變為顯在的事實。使所有看不見的異常、浪費、問題點暴露無遺。

某電子公司共有 A、B、C、D、E 五個部門，在 1998 年時，全公司故障件數為 1900 件，1999 年降至 1520 件，而在 2000 年更降至 950 件，僅為 1998 年的一半，可說是成績斐然。但如果深入追究的話，才獲知數字表達方式為分不清責任的「吃大鍋飯」方式。我們如果再依 A、B、C、D、E 各個部門的故障件數，加以層別的話，可發現全公司固然進步很大，但三年來 C、D 兩部門根本是原地踏步，一點也沒進步。於是，針對 C、D 兩部門再下功夫改善，那麼，2000 年度的故障件數必然低於 950 件。此即借目視管理，引導「由潛在化轉為顯在化」的案例。

六、目視管理有那些基本道具

1. 看板

這裏指的看板是在 5S 的看板作戰中所使用的看板，是為了讓每個人一看就知道是什麼東西，在什麼地方，有多少數量。

2. 信號燈

生產第一線的管理人員必須隨時知道作業者和機器是否在正常開動和作業，信號燈是工序內發生異常時用於通知管理人員的工具。信號燈按作用可分為以下幾種：

⑴發音信號燈

它適用於物料請求通知。當工序內物料用完時，該工序的信號燈亮起，擴音器馬上通知搬送人員供應。

⑵異常信號燈

它適用於品質不良及作業異常發生等場合。多用於大型較長的流水線。

異常信號燈就是讓管理監督者隨時看出工程中異常情形的工具。除了通知異常情形的警示燈外，還有顯示作業進度的異常信號燈，以及運轉中報告機械是否發生故障的異常信號燈、請求供應零件的警示燈。

一般設置紅黃兩種信號燈，由員工控制。當發生零件用完、不良及機器故障等異常時，往往影響生產指標的達成。這時由員工摁亮黃燈通知管理人員前來處理；當發生重大問題時，摁亮紅燈通知。紅燈點亮時，生產管理人員和廠長都要停下手中工作前往調查處理。

⑶運轉指示燈

顯示設備運轉狀態。顯示機器設備的開動、轉換、停止狀況，停止時還顯示停止原因。

⑷進度燈

多見於組裝生產線(手動線或半自動線)，各工序之間間隔為 1～2 分鐘的場合，用於組裝節拍的控制，保證產量。進度燈一般分 10 等份，一一對應作業步驟和順序，標準化程度要求較高。

⑸大型數量表示盤

3. 錯誤防止板

自行注意並消除錯誤的自主管理板，一般以縱軸表示時間，橫軸表示單位。以一小時為單位，一天用八個時段區分。每一個時間段記錄正常、不良及次品情況，讓作業者自己記錄。從後段工程接受不良品及錯誤的消息，作業本身再加上「○」、「×」、「△」等符號。

4.操作流程圖

這是將工程配置及作業步驟以圖表示，使人一目了然。單獨使用標準作業表的情形較少，一般都是使用人、機器、工作組合起來的操作流程圖。

5.警示線

在倉庫或其他物品放置場所表示最大或最小的在庫量，用於看板作戰中。

6.錯誤演示板

一般結合現場和帕累托圖表示，讓現場人員明白其不良現象和後果。一般放在人多的顯眼位置，讓人一眼看得到。

7.紅牌

紅牌指 5S 的紅牌作戰(整理)時所使用的紅牌，將日常生產活動中不要的東西當作改善點，讓每個人都能看清楚。

紅牌適用於 5S 中的整理，是改善的基礎起點，用來區分日常生產活動中的非必需品。掛紅牌的活動又稱紅牌作戰。

8.管理板

通常管理板本身是一塊木板、塑膠板或壓力板所構成的實物，其尺寸、形狀依場所、用途而定，板面上可塗以各種顏色，以增加美觀及分類的效果。

管理板上可張貼各種公告、報表、作業指示表、重點標準等，對於 5S 而言，多少也扮演「整頓」的角色。顧名思義，管理板主要用於管理，但在其製作、設置場所張貼時需注意以下要點：

⑴管理板盡可能靠近作業員，不要放太高，而且設置場所要注意

安全；當作業員進行工作時，看到管理板應立刻能明白內容，不忘重點，且能遵守。

⑵當管理者、監督者巡查工作時，閱讀管理板，短時間內能瞭解作業員是否遵守標準，亦即不管是誰都清楚現狀是否「脫離標準」。

⑶管理板上的文件以一頁為原則，內容要簡化，最好採用數字、圖解，字體不要太小，且易看懂。

為了便於保存及避免弄髒，管理板上的文件，最好放入 PE 粘在塑膠封套內。

總而言之，工廠要塑造能「目視管理」的工作場所，下工夫防止失誤的發生，以便能立刻辨別異常，並借此達成 5S 的標準化。

9.電子看板

電子看板類似於準時生產方式(Just In Time，JIT)中的看板概念，工廠計劃調度人員透過調度和分配模塊，分配任務給員工和設備，透過工廠電腦網路，設備面前的電腦獲得分配的任務，呈現出任務列表，這就是電子看板。電子看板給出了員工和設備當班要完成的任務。

電子看板的功能包括任務分配顯示、領料登記、任務進度錄入和工時回饋。

員工可以透過電子看板獲得自己本班需要完成的任務，到現場的在製品庫領取相應的物料進行加工，並透過電子看板進行領料操作，提供物料的現場流動信息；在任務完成加工後，員工透過電子看板錄入任務進度，從而向計劃調度層次回饋任務的進度和工時信息。

建立在電腦網路基礎上，電子看板的實現可以透過流覽器/服務器的方式實現。Web 服務器與整個工廠生產管理系統共用數據庫，計劃調度分配的任務透過 WEB 服務器下載到作為用戶端的電子看板上，電子看板實際上就是個流覽器。

最後，給出了基於電子看板的工廠生產管理系統的物理實現。作為電子看板的電腦可以按工作中心佈置，一個工作中心一個電子看板，也可以每台設備一個電子看板。

七、目視管理的操作要點

1. 設定管理對象

參照「目視管理的對象一節」確定作業現場可進行目視化的對象。最好是選一批在全區或全公司具有代表性的設備、工具作為目視管理的首批對象，其次，所選擇的首批對象要能立即見到效果，為以後的目視管理活動作宣傳樣板。

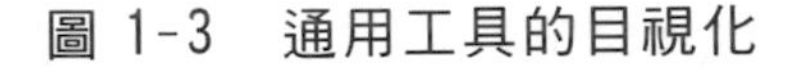

圖 1-3　通用工具的目視化

2. 視覺化、看得見化

運用各種圖示、顏色、聲光提示使管理對象的管理盲點明顯化，達到一目了然的效果。

3. 正常、異常的範圍標示標準化

對現場儀錶的正常、異常範圍標誌要標準，標誌所用的顏色要統一(紅一不良，綠一正常)。

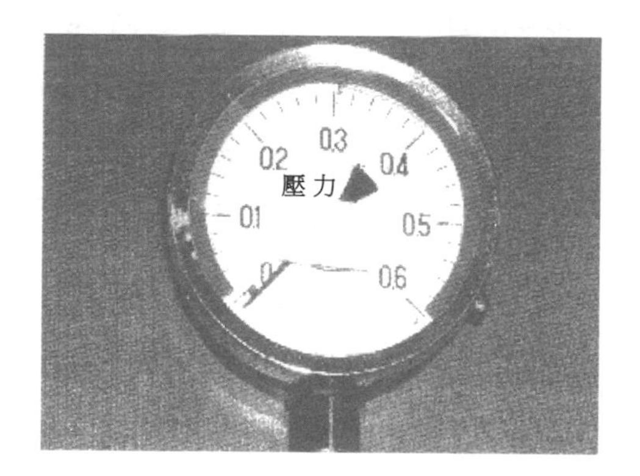

4.異常處置的標準化

設定發現異常時的處置標準，異常處置標準的內容包括兩個方面，一是將常出現的異常一一列出並寫上解決辦法；二是寫上異常處理的責任者姓名和聯繫電話。製成標牌張貼在管理對象旁邊。

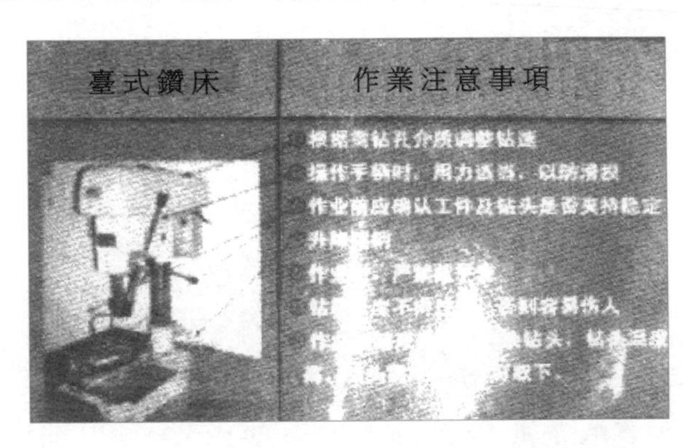

5.圖示化、色彩化

正常和異常範圍的顏色區分、圖示化等。色彩化顏色區分的事例：正常=綠色、注意=黃色、異常=紅色(如下圖儀錶範圍示)。

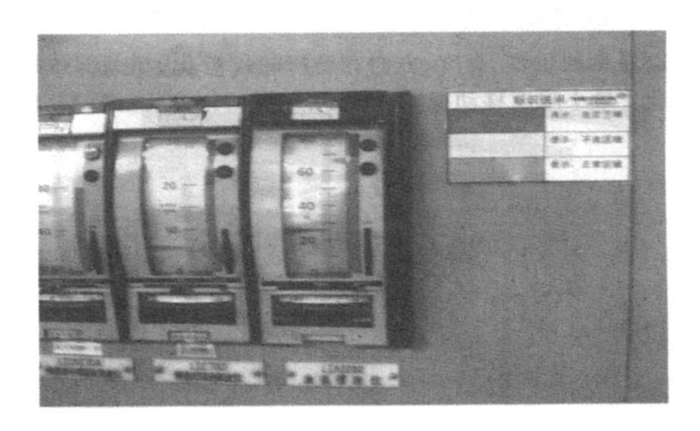

6. 自動提示化

對緊急度高的項目在異常時會自動出現提示。如在設備排風口加小風車，用風車轉速提示設備運轉狀況。

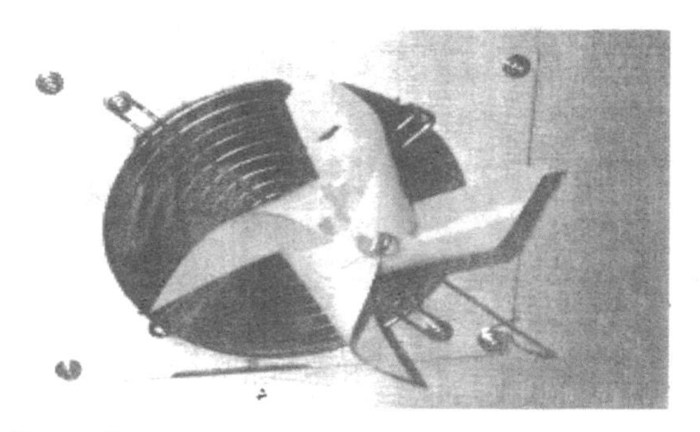

7. 標誌位置合理化

顯而易見的位置、高度、方向和場所的接近化，相關部位較多時的集約化。最小限度移動視線的例子：按鍵的集合化、閥門開閉表示集中化。

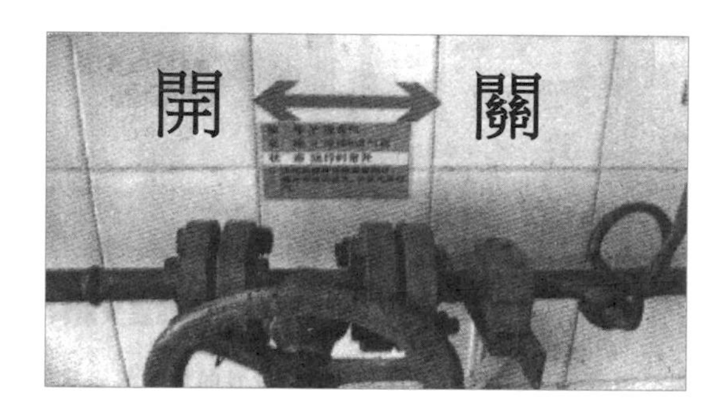

8. 看板與聲音並用

在已知有危險的場合同時並用聲音進行管理。

9. 持續改進管理化

目視管理的維持、持續的視覺化改善。

八、目視管理有那些輔助工具

看板是實施看板管理的首要環節，看板設計編制的好壞直接影響看板管理的順利實施。一般來說，看板是「目視管理」的工具，所編制的看板按產品、用途、種類、存放場所，用不同的顏色或標誌，使正反面都能容易看出，易於識別。實施看板管理，看板用量大，編制看板時要充分注意到製造的有關問題，使其易於製造。所編制的看板在應用看板管理的過程中，應該方便保管和管理，同時便於問題的處理。

在實施看板管理中，看板要隨零件實物一起傳送，因而編制的看板應採用插入或懸掛等形式，容易與實物相適應，方便運行。

看板在整個運行過程中，要與實物一起隨現場傳遞運送，因而所編制的看板應該耐油污、耐磨損，尤其是循環使用的看板，更要堅固耐用。

為了讓雙目能夠發揮管理的功能，員工能夠看到的物品必須易於分辨、清晰明瞭。這些用於識別的輔助工具是指顏色、標誌、標籤、看板、線標。

1. 顏色

顏色算是最理想的目視管理輔助工具了，只要是視力正常的人都能夠分辨顏色，所以管理者很容易通過用不同的色彩來表達管理的理念和要求，通常顏色可以用來表達如下的意思：

不同工廠的運輸工具塗上不同的顏色加以區分，這樣大家就很容易辨認這是那個工廠的運輸工具了。

生產工廠進行質量競賽，如果僅僅用數字來表示競賽結果，有時容易產生歧義。比如，壓裝檢驗合格率 25%這個數字就很難辨識其真正含義。如果用不同的顏色來書寫質量數字，就很容易讓員工們對競賽結果一目了然。當然，首先要對顏色做個界定，例如綠色代表質量優良、黃色代表合格、紅色代表不合格，這樣用顏色標註的質量競賽表公佈在牆上，那麼這個壓裝檢驗合格率 25%就可以用紅色來標記，如此一來，就比較容易瞭解各單位的品質狀況了。

由於顏色的醒目效應，把它們用在提醒、警告方面可以發揮很不錯的功效。

根據美國標準協會制定的標準，如下顏色具有專門的警示作用。

紅色：消防器材

橘色或黃色：危險器材

橘色：常用於警告該機器為危險機器

藍色：防護及警告標示，用於爐、梯、電梯等

紫色：代表放射性物品及其設備

2. 號誌與看板

號誌與看板是目前企業內部用來傳遞訊息的最理想方式。通常要交付一項任務，或是要傳達一個資訊給有關的單位或個人，大都採用書面或口頭交代的方式來進行。但是這種傳遞方法會受到各種的幹擾因素的影響，使得資訊傳遞的品質大打折扣。避開這些幹擾因素有以下幾個方法：

資訊大眾化：所有資訊讓大家都知道。

資訊公開化：在公開的場合就能獲得所需要的資訊，而不是一定要到老闆或是廠長的辦公室，才能得到這些資訊。

資訊明文化：資訊盡可能用看的、少用說的。

資訊簡單化：資訊的表達方式與內容儘量簡單。

3.線標

這也是一種用「看」的規範。企業的一些管理行為雖然已經有書面的規範，但仍被大家所忽視。對一些不方便使用看板、號誌等目視管理的工具來表達的場合，可以採用線標的方式來處理。

所謂線標，就是用畫線的方式來完成管理，簡單地說，這種線標就是一種「指示」標準：只要大家按照這條線標所代表的意思去執行，就可以達到管理的要求。

舉個例子來講，在銀行櫃檯前一米處都畫有一道黃線，這道黃線的意思，是告訴所有的顧客，基於安全上的理由，當你在辦理銀行業務手續時，離正在辦理業務的前一位顧客要保持一米的距離，也就是不可超越黃線。相信用這條黃線來管理顧客辦事的秩序，一定要比工作人員用手來指揮有效得多。

在工廠也有很多類似的例子。例如避免員工亂丟工具箱，造成現場混亂與不便，可以運用 5S 的手法，在工廠內合適的位置，給工具箱找一個固定的位置，並用線標在地板上把位置給畫出來，規定員工們使用工具箱後，一定要放回這個位置，有了這個位置後，現場就會堆置井然。

其實，線標這種方式應用的範圍非常廣，但一般是以下列兩個大方向來規劃的：

告知有關人員在這個區域應該如何運作，例如路標、定位線等。

用線來進行管理，讓大家通過這條線知道管制的範圍，例如銀行的一米黃線，火車站月臺上的黃線，售票處的全票高度線等等。

第2章

如何推動目視管理

一、建立目視管理推行組織

1. 最高管理層的引進

我們說目視管理是一項系統的、全面的、細緻的工程，所以在開展目視管理活動前，建立一個公司層面的目視管理推行委員會是目視管理成功的基礎。又因為所有的管理項目都可以進行目視管理，所以涉及公司的各個部門。為了協調和統一各部門的目視管理進度，公平評價目視管理的成果，有效促進良性競爭，目視管理推行委員會委員長必須由公司老總親自擔任，才能引起各部門管理者和員工對目視管理的重視和支持。然而公司老總都是大忙人，事事親臨是不現實的，所以還須成立一個目視管理推行辦公室，由老總在高層管理人員中選一名年富力強、具有開拓意識的人員作推行辦主任，具體實施全公司的目視管理工作。當然各部門主要負責人也不能袖手旁觀，因為沒有他們的具體支持和參與，推行目視管理只能是一句空話。具體的組織結構如下：

圖 2-1　全員參與的目視管理推行委員會組織結構圖

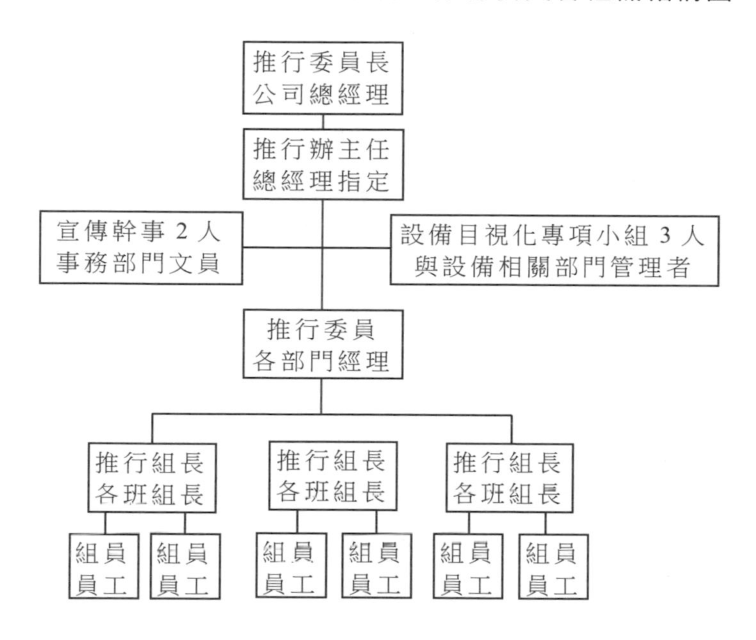

2. 全員參與分清責任

從上面的目視管理推行委員會組織結構可以得出兩個結論，一是目視管理的推行必須有公司高層的參與；二是目視管理組織的結構要求嚴謹細緻。具體由四個層面的人員組成：第一個層面是公司最高決策層（總經理），第二個層面是公司中層管理層（部門經理），第三個層面是公司最基層的管理層（班組長），第四個層面是最基層的作業員工。這四個層面的人代表了公司的所有崗位。只有這樣才符合目視管理全員參與的精神，在推行過程中達到事半功倍的效果。

3.制定目視管理實施辦法

然而困惑在某公司推行辦王主任的身上出現了，王主任被公司總經理認為是那種年富力強具有開拓意識的管理人才因而任命他擔任目視管理推行辦主任，推行委員會的組織結構也嚴格按照我們上述的全員參與的標準進行建構，但在具體的推行過程中，王主任發現組織內部在管理職責的協調上並不像結構圖顯示的那麼清楚，有時還出現責任不明的情況，部門經理對基層班組長提出的目視管理計劃或支持要求，有時看都不看就說「我很忙，直接上交推行辦王主任」。這可忙壞了王主任，王主任每天都跑到各個部門的基層班組去解決問題。而各部門經理反倒成了目視管理的旁觀者，這樣下去王主任就是再年富力強也管不過來。所以我們建議王主任，除了建立一個嚴謹的組織外，還需要對目視管理推行組織中各個層面的人員規定明確的職責，同時要對整個目視管理活動制定一個有效的管理辦法，比如活動的週期、具體的做法、考評的方法以及參與人員的責任和義務等。

但是正如著名的畫家達。芬奇所說的「世界上沒有兩個形狀完全一樣的雞蛋」一樣，「世界上也不可能有兩個運作模式完全一樣的公司」，因而我們也不可能替王主任制定一個適合他公司的目視管理活動辦法。但是我們可以提供一份其他企業的成功樣板，供王主任參考，也許能給王主任帶來靈感和創意，制定出最適合他們企業的目視管理活動辦法，不辜負總經理對他的期望。要知道創意是目視管活動的靈魂！

二、有計劃地開展目視化管理

「既然說，現場的所有項目都可進行目視化管理，我的部門很大，該先從那里開始效果最好呢？」這是開始推行目視化管理時管理者普遍存在的疑問。這時先別忙著動手，你要先編一個精細的計劃。

常言道「三思而後行」，這個「思」就是計劃，計劃越詳細，行動就越明確，在做的過程中才會少走彎路，達到目的。鐘錶的指針為什麼會分秒不差地每十二個小時走一圈，那是因為鐘錶是預先上了發條的。這個發條就相當於指導鐘錶運行的計劃。正因為有了這個計劃鐘錶才能準確地為我們報時。所以說在實行目視化管理活動前，你必須制定一個像鐘錶那樣分秒必現的詳盡的計劃。

目視管理是項龐大的企業管理工程，它涉及企業方方面面，需要全體員工的參與和支持。如何成功開展目視管理活動，前期的計劃工作就是重中之重。如果在目視管理活動前不制定週密的計劃，目視管理是很難取得成功的。

如何才能製作一份儘量詳細的目視管理計劃呢？我們根據鐘錶的工作原理，來制定目視管理活動計劃。在鐘錶的運行中最大的計劃單位是時針，時針每走 1 下，分針就得走 60 下，鈔針得走 3600 下。分針和鈔針有一個共同的目標就是通過它們的努力帶動時針實現每一天走完 24 小時的目標。

通過鐘錶的工作原理，我們的目視管理計劃內容也得分為三個層面，一是總的目標計劃；二是每個階段的計劃；三是每日計劃。我們把時針看做總目標計劃，分針看做階段計劃，秒針看作每日計劃，來編排目視管理活動計劃。現將各層面計劃的制定原則和參考表格排列如下：

1. 總目標計劃

制定總目標計劃的原則有三條：

⑴明確整個目視管理活動的週期，劃分階段。

⑵通過推行目視化管理想達到什麼樣的效果(明確活動的目標)。

⑶按照 PDS(計劃、執行、修正後確認)編排計劃。

表 2-1　總目標計劃

項次	項目 ＼ 年月	9 月	10 月	11 月
1	目視管理情報收集			
2	目視化 5S 方針與組織強化			
3	目視管理活動條件準備			
4	目視管理宣傳教育職能的強化			
5	動員教育與氛圍的營造			
6	現場物流的目視化			
7	5S 的細化推動			
8	紅牌作戰的深化			
9	……			

2. 各階段計劃

制定階段計劃的原則也有兩條：

⑴分針必須圍繞時針轉的原則。

⑵每一階段的計劃內容詳細化。

表 2-2　各階段計劃

1	目視管理情報的收集	目視化現狀現狀診斷
2	目視化 5S 方針與組織強化	公司推行組織強化 基層推行組織
3	目視管理活動條件準備	人才初步選定 製作材料準備
4	目視管理宣傳教育職能的強化	目視化 5S 宣傳教育
5	動員教育與氛圍的營造	5S 看板製作 目視管理啟動、樣板區的強化

3. 每日計劃

制定每日計劃的原則有三條：

⑴秒鐘必須圍繞分針轉的原則。

⑵將階段計劃內容細分到每一天該做的具體內容。

⑶要不怕麻煩，每日計劃越具體詳盡越好。

表 2-3　制定每日計劃

日期		基本指導內容	地點	時間	參與者
9/7	上午	目視管理會議： · 目視化管理推行前期準備工作確認 · 確定目視管理管理方針，制定目標 · 宣傳教育研討及分工 · (目視管理實施辦法)研討 · 目視管理會議交流制度研討	會議室	1.5H	目視管理辦
		· 企業現場狀況調查 · 樣板區確認 · 問題點攝影			目視管理辦
		· 與公司領導溝通項目事宜(方針、組織、制度、支援)			公司領導
9/7	下午	推行辦現場指導： · 樣板區問題點詳細診斷 · 現場改進方案的初步擬定與研討 · 現場目視管理活動看板製作	現場	4H	樣板區
9/8	上午	各部門推行骨幹培訓： · 目視管理活動小組活動辦法說明 · 目視管理知識培訓 · 目視管理事例研討會	培訓室	2H	推行骨幹
		推行辦現場指導： · 樣板區問題點詳細診斷 · 現場改進方案的初步擬定與研討 · 現場目視管理活動看板製作	現場	2H	樣板區

續表

9/8	下午	推行辦現場指導： · 樣板區問題點詳細診斷 · 現場改進方案的初步擬定與研討 · 現場目視管理活動看板製作	現場	4H	樣板區
9/9	上午	推行辦現場指導： · 樣板區問題點詳細診斷 · 現場改進方案的初步擬定與研討 · 現場目視管理活動看板製作	現場	4H	樣板區
	下午	目視管理會議： · 目視管理本階段文件修訂確認 · 目視管理創意提案制度的建立 · 各部門目視管理實施計劃確認 · 宣傳活動確認	目視管理	1H	目視管理
		· 目視管理非樣板區目視管理實施診斷	現場	3H	工廠幹部
9/10	上午	推行辦現場指導： · 樣板區問題改進確認 · 現場目視管理宣傳及看板製作確認	現場	4H	樣板區
	下午	第 1 次公司目視管理推行委員會議： · 組織職責、活動計劃 · 目視管理本階段制度發佈 · 目視管理啟動會	會議室	2H	公司幹部
		各部門推行骨幹研討會： · 本次指導小結 · 下一步工作安排詳細說明	培訓室	2H	推行骨幹

三、確定統一的目視化目標並明確分工

1. 明確效果目標，統一認識

最近公司大力推行目視管理，王主管簡直忙壞了，又是策劃宣傳內容，又是去各區現場指導，還得按計劃定期檢查。王主管自認對目視管理花了大力氣了，結果卻是聽到越來越多員工對目視管理的不解和抱怨：「室內就兩排燈，開關為什麼還要作標誌，反正大家都不會按錯。」現場員工說：「堆高車有沒有加機油，我自己知道就可以了，為什麼還要給機油尺規做標誌和說明？真麻煩死了。」堆高車司機抱怨：「馬達上拴個布條就知道它在動了，為什麼還要作刻度標誌？」這些員工的抱怨就是對目視化管理不明確引起的，看來王主管的目視管理宣傳不盡如人意，同時對目視管理要達到一個什麼效果，目標不統一也不明確。才造成員工對目視管理的不耐煩情緒。

2. 按目標要求檢查結果

現場有堆高車、設備、辦公用品，怎樣制定統一的目視管理目標呢？其實不必困惑，我們來分析一下目視管理的定義和水準就會明白。所謂目視管理就是「無論誰見到管理的對象物，都能立刻對正常、異常狀態作出正確的判斷，並且明瞭異常的處置方法的管理」。

圖 2-2　堆高車機油尺規標誌

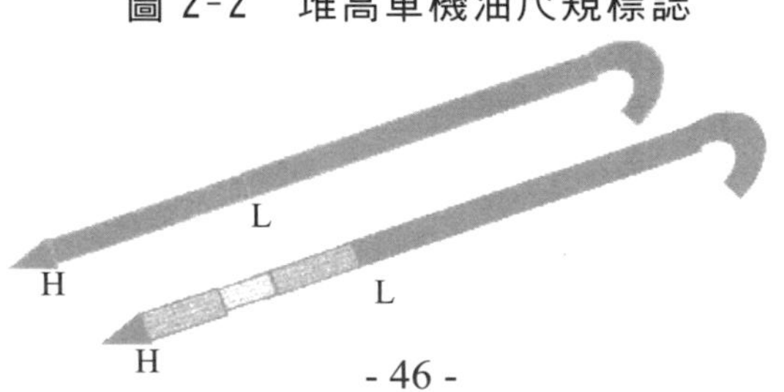

比如堆高車機油尺規做標誌說明的事例。機油尺規上刻有 HL 兩個數字，在 HL 中間有一段距離，測試時如果機油油位在 HL 的中間部位算是正常，偏上或偏下都是不正常範圍。但是在現場測試或檢查時又不可能帶著尺子，那里才是 HL 的中間部位呢？就是有經驗的堆高車司機也很難判定，更不用說監督管理人員。如果我們事先用尺量好 HL 中間位置，再用顏色做上範圍標誌，同時在車身張貼堆高車保養檢查記錄，說明機油液位不正常時出現的狀況和處理的辦法。這樣不論是誰只須用油標一試就能立刻對機油是否適量作出判斷，同時通過閱讀車身的說明瞭解油位異常時的處理方法。只有這樣才算達到了目視管理的目標。

3.高標準要求的好處

目視管理目標要求這樣做有什麼好處呢？仍以堆高車為例，機油加少會損壞堆高車的發動機，減短堆高車的使用壽命；加多了會影響堆高車的運行並造成浪費。目視管理在這裏起到了保障堆高車壽命和減少浪費的作用。

通過例證歸結一句話：「高標準的目標能產生高價值。目視管理就是要使所有的管理對象的狀況，讓外行也能一目了然。」因為堆高車不會變而開堆高車的人會經常變換，你無法保證每一位堆高車司機都是經驗豐富的行家。

四、在部門內成立目視管理小組

1. 成立部門目視管理小組

一個人精力是有限的，再說目視管理是團體活動。王主管一人身兼目視管理宣傳、指導、檢查也只能是出力不討好了。要想改變現狀，使員工正確對待目視管理工作，王主管必須做兩件事：首先，確立統一的目視管理目標；其次，將目視管理工作分工，讓基層管理人員和員工參與進來。

2. 小組成員明確分工

認識和目標統一後，接下來就是給員工分工，成立部門目視化推進小組，王主管自然是組長，負責目視管理的整體推動。下設主管組長、推行員和副推行員三個職位，負責部門目視管理的宣傳、檢查和考評工作，各班組長為小組成員負責各自管理區內的目視化推進工作，同時是目視化檢查與考核幹事。

目標明確，職責清楚。王主管將目視管理由不明確的一人推動，轉變為目標統一的全員推動，成果是可想而知的。

3. 制定部門目視管理小組活動辦法

五、建立激勵措施

1.防止出現反復

目視管理活動推行了一段時間後，公司目視管理推行辦的陳主任發現各部門員工沒有了剛開始時的那股激情了。各種藉口使目視管理計劃一拖再拖，大家都像是應付差事，目視化的水準也在下降。陳主任百思不得其解。

鐘錶雖然走得準確但也有走不准的時候，因為鐘錶的動力已消耗盡了，那時得給它上發條，這上發條就是給鐘錶重新注入動力。人也一樣，隨著時間的推移對事物的新鮮感逐漸消失，人就像松了的發條一樣，失去了以前的活力和熱情，這時人也需要注入動力。這就需要建立考評與激勵機制。

目視管理是一項涉及全員、全部作業內容的活動，需要長期的堅持和全員的參與，更需要不斷地激勵全員，才能達到目的。

2.利用各種手段激勵員工

一切形式的管理，最終仍然要靠人去完成，因而管理說到頭應是對人的管理。目視管理也是一樣，方法再好，如果大家不按要求做，也是沒用的。如何去管理人，使大家均樂意按要求去做事，有個非常重要的方法就是一激勵。

(1)不花錢的精神激勵

要想員工對目視管理活動體現出持久的興致和長期的熱情。有兩個激勵方法。一是精神層面的鼓勵，二是物質層面的獎罰機制。前一種的做法是，作為目視管理推行人員和管理者對於員工作出的目視管理改善提案，那怕是微不足道的也要給予高度的讚揚，使員工有成就感，然後再引導員工深入改進。這個方法不花企業一分錢，員工也樂意接受，效果是出人意料的。

某企業推行目視管理活動以來，維修部門的員工就是不肯動。推行辦主任在目視管理會議上公開批評維修部門拖公司後腿，並且在公司目視管理宣傳欄內通報批評維修部，想使其知恥而後進。但是效果一般，維修部門的目視管理工作仍舊進展不大。

有一日，王主任到維修部檢查工作，發現原來丟在地下的鐵錘，掛了起來，旁邊貼著兩個歪歪斜斜的字「鐵錘」。技工小張跑了過來開玩笑地問：「王主任，這個鐵錘掛起來作上標誌，算不算目視管理呀？」王主任剛想教訓他開玩笑，轉念一想，這到底是維修部門的第一件目視管理案例，於是轉而改用激勵的辦法，先大大地讚美了一番鐵錘掛起來做標誌拿取方便的好處，然後又讚賞小張的開拓精神和敢為天下先的勇氣，其次告訴小張如何做會更好，如鐵錘標誌貼端正一點是不是更美觀？鐵錘稍微掛低一點是不是矮個兒的同事也方便拿取？說得小張直點頭，本來想挨批評的，反而受了表揚，而且自己還成了本部門開展目視管理的第一人。這一切給了小張動力和信心，直至他成為公司的目視管理明星，受到總公司的嘉獎，選派出國學習。

⑵物質獎罰激勵

第二種是物質層面的獎罰，必須建立一個公平的獎罰機制，對於目視管理成績優秀的個人和部門要按規定及時給予物質獎勵。對未按計劃完成目視管理工作的部門和個人給予一定的處罰。具體的獎罰方法視企業情況而定。

⑶常用的激勵方法

如果將上述兩個方面的激勵方法細化的話，可以分解成以下 8

個具體的方法。

①目標激勵——過推行目標責任制，使企業目視管理指標層層落實。

②示範激勵——通過各級主管的行為示範、敬業精神來正面影響員工。

③參與激勵—建立員工參與目視管理、提出合理化建議的制度，提高員工主人翁參與意識。

④榮譽激勵——對員工的目視化工作態度和貢獻予以榮譽獎勵。

⑤關心激勵——對員工工作和生活的關心，關心員工的困難和慰問或贈送小禮物，建立員工協助計劃。

⑥競爭激勵——提倡企業內部員工之間、部門之間展開的目視管理創新競爭活動，獎優罰劣。

⑦物質激勵——對目視管理工作成績優異的個人給予增加工資、生活福利、保險，發放獎金、獎勵住房、工資晉級等獎勵。

⑧資訊激勵—交流企業、員工之間的目視管理資訊，如資訊發佈會、發佈欄、企業報、彙報制度、懇談會、經理接待日制度；同時建立完善的員工培訓計劃。

3.制定目視管理考評檢查辦法

為了企業在建立目視管理獎罰機制時有個參考，現將某公司的目視管理活動考評辦法附上，希望能給你一些啟示。

六、讓別人知道你想要達到的目標

1. 讓基層員工也瞭解目視化目標

李主任管理的部門人員較為複雜，有工程師、機修工人、搬運員工等。推行目視管理過程中工程師接受能力強一點，而像機修工人和搬運員工接受能力則沒那麼強。然而正是後兩者卻是目視管理的執行者和受益者，換句話說他們是目視管理的主體成員。也就是用他們的手和智慧去目視化他們的工作，以達到一目了然，方便操作，防止故障的目標。

如何讓這些基層員工明確李主任的目視管理目標，並按目標的要求去做是目視管理是否能推行開來的關鍵。

⑴徵集目視管理活動口號

目視管理活動開始前，要先選一個深入人心的目標口號。就是要把抽象的目標用基層員工的語言簡單化、口號化，使員工能熟讀熟記，對目標口號產生親切感。這樣的口號最好是來自員工自創，管理者可以有獎徵集的方式面向全員徵集目視管理口號。

⑵管理者以身作則樹立榜樣

在目視管理的執行階段，管理者要樹立榜樣作用，目視管理活動是需要動手的，管理者要「先把自己的手弄髒」，自己定的目標自己首先要能夠做到，才能起到表率的作用，帶動員工的目視化熱情。

2. 不能厚此薄彼

目視管理推行過程中，目標要前後一致，不能厚此薄彼。比如工廠和辦公室的開關標誌必須一致。不能出現工廠是目視管理三級水準的標誌，而辦公室是一級水準的標誌狀況。這就降低了目視管理在員工中的重視程度。

七、以活躍的形式宣傳目視化管理

1. 活動開始宣傳先行

在任何一項集體活動開始前，都要先作宣傳，以使得活動的目的深入人心，執行後方可取得事半功倍的效果。宣傳是靠內容和形式來吸引人的，內容豐富、形式獨特的宣傳能給人留下長久的深刻影響。

當年一句「金利來，男人的世界」傳遍神州大地，創造了廣告宣傳的奇跡，奠定了金利來男裝在國內的領先地位。然而光靠一句廣告詞是不夠的，金利來宣傳的奇特之處是反其道而行之，按常理，廣告宣傳出來後緊接著就是商品上市，以借廣告餘威趁熱打鐵多銷產品。而金利來卻恰恰相反，在廣告出來一年多的時間內市面上根本見不到金利來的蹤影，越是見不到人們越是好奇，越想立即見到產品，「金利來，男人的世界」在人們的耳邊響了一年，在人們的胃口被吊足後，第二年金利來全面上市，一舉創下了銷售奇跡。金利來利用人們的好奇心理，加上大膽的策劃和極具個性和內涵而又通俗易懂的廣告詞，取得了成功的宣傳效果。

金利來的成功告訴我們二條經驗：宣傳的內容要豐富、形式要有個性、用語要有內涵且通俗易懂。三者缺一宣傳效果就大打折扣。

目視管理宣傳也同樣適用這三條經驗。常常聽到一些企業目視化宣傳幹事的訴苦，說宣傳工作難做，所有的目視管理文件和資料能貼的都貼到宣傳欄上去了，卻很少有員工去看。其實你到宣傳欄一看，歪歪斜斜地貼著幾張 A4 的紙，上面只有目視管理的定義、目標等抽象的似懂非懂的文字描述。這樣的宣傳能引起員工的關注嗎？要想引起員工對目視管理的關注，你的宣傳內容必須是員工關心的問題。

2. 定點攝影宣傳法

有些公司在目視管理活動開始前先進行定點攝影，將這些照片張貼後配上說明，按目視管理的要求指出照片中對象物的不足之處，同時附上改進方法和責任人，在改進完成後再將改進後的照片貼上去，用前後對照的方法形成反差，體現目視管理的效果。同時附上執行責任人的相片以示鼓勵，並加上員工目視管理執行心得的一句話，作為宣傳用語。這樣的宣傳是員工身邊的事例，形式輕鬆活潑，圖文並茂，用員工自己的語言，點明目視管理的效果。員工能不關注嗎？

3. 目視管理寫真快訊宣傳法

還有一些公司，編輯目視管理週刊或快訊時，每次用一張 A3 的紙以漫畫講故事的方式宣傳目視管理的知識和進度，也不失一種好方法。以上兩種方法均可借鑒，然而目視管理的宣傳何止兩種，更多的好方法在我們每一位現場員工的創新思維中。要知道一切管理活動皆源於現場，雖然現場有差異，但改善無止境，而現場的一切都是可以進行目視管理的，只要我們堅定這一信念，在不斷創新的現場目視管理過程中一定會找到最適合你部門的目視管理宣傳途徑。

八、目視管理工具明示和使用教育

「目視管理的內容涉及所有的管理對象物，比如說工具要進行形跡定位、生產進度需要進行看板管理，不同區域要製作標誌牌等等。這些目視管理用具要是能有一個統一的標準和使用說明就好了，我的部門就不會再出現一班用不乾膠刻字紙給工具定位、二班用凹槽方式給工具定位這樣混亂的情況了。」生產張主管近來給各班五花八門的目視化方式搞得頭昏腦漲，希望將目視管理工具能歸納出一個統一的標準和使有說明，以便明示各班組，使目視管理更加規範，儘量少走彎路。

我們非常同情張主管的遭遇，現將應用較為成熟的目視化管理工具方法和使用說明歸納如下，但同時要告訴張主管「改善無止境，更多的目視管理工具來自於每一個有心人的頭腦中」。

1. 基座

採用形跡或限位的方法，使物品能一目了然、準確無誤地放回原位。

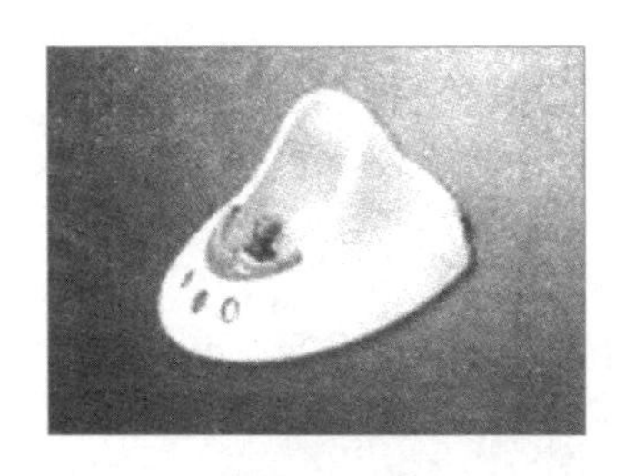
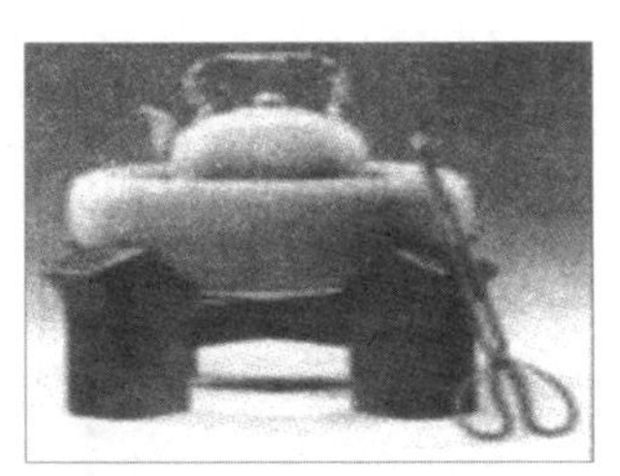

2. 顯示燈

借用顯示燈、提示燈的視覺效果，來顯示位置、狀態。

3. 圖表

包括曲線圖、直條圖、採購納期表等，能直觀地顯示當前工作與目標的距離。

4. 限度樣本

以一個製品的標準件為樣板，作為以後製作該製品的標本。

5. 賬票類

在文件櫃等儲物量少、品種多的儲物櫃面上，列出儲物清單。

6. 手冊

包括作業指導書、檢查標準書等。

7. 管理板

包括綜合管理板和生產管理板。

8. 電腦

運用電腦技術進行目視管理的一種方法，如：生產線用電子自動掃描器進行顯示即時產量。

9. 警示燈

設備運作異常時的一種報警裝置。

10. 公告欄

設立在公眾場所，傳遞公用資訊的一種綜合欄板。

11. 標誌牌

利用直觀醒目的標牌，起到提醒、指引、識別的作用。

12. 郵箱

利用郵箱中轉或分類檢索的方式，設立事務聯絡或進度跟蹤箱，以提高辦事效率。

13. 標籤

運用顏色、圖案、文字來說明所標示物品的性能、狀態、品名等。

14. 形象道具

借用一些形象的自製道具，來達到明瞭目前狀態的效果。

15. 聲響裝置

利用聲響的作用達到提示指引的作用。

九、尋找可目視化管理的項目

1. 先從小問題著手

「我負責生產部門，有三條生產線、數十台設備，還有很多控制箱、各種顯示儀錶、閥門等，那些需要進行目視管理呢？平常這些設備都是這麼運行，雖然設備操作複雜，但我的員工都是老手，也沒出現什麼大問題，大家都覺著這樣做也沒什麼不好的。為什麼還要進行目視管理？」

生產部的王主管對目視管理有點不以為然。但是我們要問什麼樣的問題叫大問題呢？難道真的要等到設備停止運行了才算是大問題嗎？要知道大問題是由無數個小問題導致的。目視管理就是要將工廠內所有隱藏的不起眼的小問題給暴露出來，做到將問題和危害制止在萌芽狀態，杜絕工廠出問題。

2. 帶著問題看現狀

那麼如何在現場找到這些隱藏的不起眼的小問題呢？這是現場管理人員必須具備的素質，首先現場管理者必須有「用懷疑的眼光看現狀」的心態。其次對現狀至少要問三個為什麼，即叫什麼名，為什麼這麼叫？什麼狀態，為什麼是這個狀態？會產生什麼結果，為什麼？

主管帶著我們教給他的心態和「為什麼」去巡視他的現場。首先來到一台像立櫃一樣的設備面前，這台設備的上面有儀錶、開關、各種亮著的和沒亮的指示燈。這是台什麼機器叫什麼名字？現場內設備太多王主管記不起來，這台設備是幹什麼的？主管找來現場的一位員工請他回答，這位員工說：「前三排開關是三條生產線的電源開關，至於儀錶和那些指示燈就不知道是幹什麼的了，也許機修工會知道。」於是主管又找來一位電工請他回答，電工找了半天，說，「第一排中間的兩個儀錶是鍋爐的壓力顯示，其他的我也不太清楚。」主管花了大半天的時間詢問了與這台設備相關的數十個不同工種的人員，但他們沒有一個能完完全全地說出這台設備的功能，只給了主管一個大概的概念：這應該是一台 XX 控制櫃，它上面有生產員工操作的流水線開關、有電工操作的鍋爐壓力調節開關、有鉗工操作的顯示燈、有……

這種狀況有什麼不好？主管想：萬一生產員工錯按了鍋爐壓力開關或鉗工錯按了生產開關那問題就大了。有什麼辦法可防止操作出錯又能使人人都明白這台設備的所有功能呢？最好的辦法就是對這台控制櫃進行目視化標誌。

首先要給控制櫃做一個醒目的標誌，標誌的內容有名稱、控制對象、管理部門、聯繫電話。

其次是給控制櫃上的每一個開關、儀錶等作提示標誌，用不同的顏色表示操作對象，比如生產線開關用綠色標誌，鉗工用紅色標誌，同時在標誌上寫明控制對象。

有了這樣細緻鮮明的標誌，生手也不會弄錯。一個在平常看來沒有任何問題的控制櫃，經過主管連問三個為什麼竟然問出了這麼多的問題。聰明的讀者把你從這個事例中得到的啟發應用到你的現場中去，相信會找到更多需要進行目視化的項目，也一定會發現更多的目視化方法，因為現場的一切都是可以進行目視管理的。

十、建立樣板區樹立影響

1. 選擇合適的樣板區

目視管理推行辦的王主任在目視管理全面啟動後，發現了一個問題。公司有二十多個部門一起推行了一陣子後，效果不明顯，員工對目視管理的熱情開始下降，歸結原因有二：一是剛開始推行面太廣，推行辦人力物力有限，致使對目視管理的指導、檢查、評價跟不上；二是推行沒有重點，員工執行一陣子後沒有看到效果，產生抵觸情緒。

有一句話叫「榜樣的作用是無窮的」。為了杜絕上述問題，在目視管理活動的開始階段，必須先選幾個在企業中具有代表性的部門作為目視管理活動的試點樣板區。花 1～2 個月，集中精力，使樣板區先出成果，樹立目視管理榜樣，然後以點帶面，再向全公司全面推進。

2. 樣板區選擇的原則

那麼如何選擇樣板區呢？我們認為樣板區必須符合以下原則：

⑴所選的樣板區其設備、流程必須在全區或全公司具有代表意義。

⑵樣板區要選目視化水準最差的那個區域，因為越是差的區域效果越明顯。

比如說，全公司每一個作業區域都有排氣扇，排氣扇須定期將扇頁摘下來清潔，這樣大家就遇到一些相同的問題，因為排氣扇頁兩面是相同的，再裝時極易裝反，裝反後不是排氣而是進氣。這樣風扇在轉，卻沒有起到作用。同時有許多排氣扇距離地面都很高，人很難用眼睛看出它有沒有在轉動。如何做到任何人一眼就能看出排氣扇是否在轉、風向是否正常，這就需要樣板區率先作出示範。然後在全區和全公司推廣。這樣就能起到事半功倍，一點帶面的效果。

經過全體員工的努力想出了一種辦法，就是在排氣扇上作一個小風車，風車順時針轉動說明正常，相反則異常。方法確定後先在樣板區製作示範，然後安排其他區域的人員來樣板區參觀，由樣板區的製作者介紹製作方法。

十一、樣板區定點攝影

樣板區確立以後，要先對區內計劃進行目視管理的項目拍攝照片。立此存照，等進行目視管理後再進行對比，以彰顯目視化的效果，達到促進目視管理活動深入開展的作用。

在選擇攝影點時，要選主要的設備或重點部位，同時要選那些相對容易進行目視化管理的項目，最好是能選到在全區具有代表性的項目，通過宣傳能激發全員產生共鳴。

例如某公司維修部在對工具進行目視管理的過程中採用了定點攝影的方法，並編輯成《企業目視化之路》的展示和教育素材，有力地帶動了員工對目視管理的參與熱情。如圖(目視管理定點攝影前後工具擺放的變化)。

十二、將目視化工作按區域劃分給個人

1. 劃分個人責任區域

目視管理只靠樹立樣板和大力宣傳還是遠遠不夠的，一個團隊中總是會有一些人不夠自覺，在執行目視管理工作中投機取巧，不按要求去做。對於這種現象只靠宣傳顯然改變不了這部分員工想法。既然目視管理就是為了實現員工的自主管理，那麼如何讓員工在推行目視管理活動的過程中也能自主進行，這就需要明確責任，將目視管理工作按區域劃分給個人。

沒有劃分責任區域的目視管理工作就像農業合作化生產；而劃分到個人的目視管理工作就像土地包產到戶。員工為了得到獎勵和維護自尊心會自動推行自己區域內的目視管理工作。

2. 個人責任區域劃分方法

目視管理工作按區域劃分的方法是，先將該區內可目視化的項目進行統計，然後按目視化的難易程度分為困難、較容易、容易三個等級。困難是指那些須要公司協助才能完成的目視化項目；較容易是指那些需要部門協助完成的項目；容易是指個人就可以做到的目視化項目。再按該區內的操作人數及各自的作業區域，以難易合理搭配的式，將目視化項目劃分給個人，並給出同步的完成時間，同時引進獎勵競賽機制，以促進目視管理工作的開展。

3. 區域責任制的目的

目視管理區域責任制的最終目的是為了激勵員工自主進行目視管理的積極性。劃分的方法和激勵員工的方式並非只有上述一種。我

們堅信更多的方法深藏在各位的具有創新意識的大腦中。

十三、區內責任人自擬計劃，自主管理

1.將管理權力下放

有句古話說「滴水之恩當湧泉相報」，很多人的求職信上最後一句是「給我一次機會，我給你整個世界」。意思說得是給別人一點機會，會產生意想不到的收穫。這就告訴我們的管理者，要多給部下表現的機會。要將權力下放，給下屬多一點自由處理事情的空間，改變一人管理為全員管理，當然會收到非比尋常的功效。我們知道目視管理是需要全員參與才能成功的活動，它更多的是利用全體員工的創新熱情和頭腦才能取得成功。管理者能管得了員工的行為卻管不了員工的創新意識。創新意識只能靠激發而不是管理能得到的，既然目視管理最注重的又是員工的創新意識，那麼管理者要想本區或本部門的目視管理工作取得好成果，必須調動部下的積極性，讓部屬人人成為管理者，管理各自責任區域內的目視化工作，包括自找問題、自製計劃等。

2.自擬計劃的方法

如何製作你所管區域內的目視管理計劃，就是你首要的問題。首先你的計劃得有個參照物，這個參照物就是部門或公司的目視管理活動總計劃。多參與公司的目視管理活動，瞭解公司的目視管理進度和方法，制定自己責任區內的目視管理開展計劃，具體有以下三步：

⑴自找問題並拍照

尋找可進行目視化的管理點，並逐一拍照留底。

⑵將問題統計並分類

將可目視化點進行統計，並按設備、品質、安全環境、生產、事務進行分類。

⑶製成目視管理計劃表

製成計劃表，並寫上完成方法工時間和責任人，同時上報部門各級管理者確認簽字後張貼在責任區內。

表 2-4　自主目視管理計劃表

部門：　　　　　　　　　區域：　　　　　　　　　班組：

項目類別	項目名稱	現狀圖示	預期效果	具體作法	責任人	完成日期
設備類	生產部空壓機管道結口處漏水處理	描述：空壓機在低溫運行時產生冷凝水，從管道連接處滲出。滴落地面。圖示：	描述：製作接水盤，用管道將水引入下水道 重點：①地面不再有積水②水盤美觀起警示作用	製作方法和標誌安裝方法等詳細寫明	李大為	2018/12/26
品質類						
……						

部門經理：　　　　區域負責任人：　　　　計劃人：

十四、將區內的重點項目找出來列表

1. 尋找重點項目的方法

凡事均有主次之分，同時也有輕重緩急之別。在做一件事情之前，眼前看到的是紛至遝來的各種細節和執行的矛盾。如何從這些雜亂的細節中找到相對的重點，直接關係到你是否能按時、保質地完成作業。

目視化管理是對現場管理中最不引人注意的細節進行管理，因而也就最渴望能有一種好的方法能使現場的目視化管理的重點項目凸現出來，先從重點項目入手，通過對重點項目的目視化管理達到帶動全區或全公司的目視化管理熱情，從而取得事半功倍的效果。

首先須按照目視管理重點項目確認的條件，找出你的轄區內那些是符合目視管理重點要求的。

其次將這些重點項目作成表格，並寫上完成時間和責任人張貼在現場。

2. 確認重點項目的條件

目視管理重點項目確認條件有以下三個方面：

⑴該項目或問題點在本區或全公司有一定的通遍性。

⑵常出問題的難點項目。

⑶進行目視化管理前後對照反差非常明顯的項目。

表 2-5　目視管理重點項目一覽表

部門：　　生產 A 區班組：　　二班負責人：

項目名稱	問題點描述	目視化方法	完成日期	責任人
2 號管道	氣體流向不清楚，點檢困難	用紅色箭頭標示出流向	2004 年 10 月 25 日	陳建國
……				
……				
……				

十五、對重點項目制定重點標準

1. 重點標準製作方法

有時作業區域大了，重點項目也有很多項，如果全部的作業集中在一個表格上，用一種方法揭示，不管你推行目視化的決心有多大，現場操作人員也難以記住作業的全部要求，這個時候，最好使用目視化重點標準這個工具，它的操作方法是，將某一作業標準的內容按重要程度和操作順序進行分拆，並將分拆後的作業重點配上工序圖和操作要領說明，張貼在操作人員能夠隨時看得到的地方，以確保現場操作員工不出現操作失誤。

2.重點標準的製作內容

⑴數控機床實物圖示

例如某公司的機修工廠有一台衝壓機床，這台衝床共有 10 個點檢確認點，而且每個點檢點要點檢的內容各不相同，你如果要點檢人員都記住每項點檢內容，顯然是不可能的。如果採用目視化重點標準的方法，先給衝床照一張整體照片，再給那 10 個要點檢的重點部位各照一張照片，然後將衝床的整體照和重點部位照片印在一張大紙上，用紅色的箭頭標出點檢的位置，同時加上點檢內容說明，張貼在衝床上。這樣那怕是一個外行也能知道所有點檢項目和內容，並很快點檢完不致出錯。

⑵重要程度顏色區分

說到重點項目，設備佔很大的一部分。為了對重點設備進行有針對性的管理，我們採用顏色標示的方法來顯示設備的重要程度，具體的做法有：

- 使用標籤依靠顏色來區分設備的重要程度；
- 根據重要程度指定 1～2 負責人。

圖 2-3　重要程度顏色區分

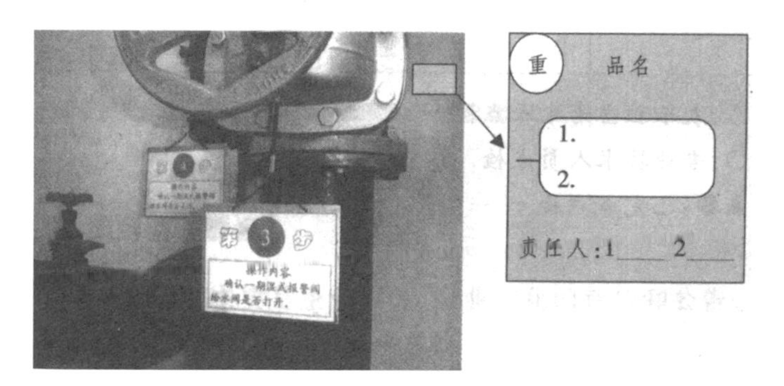

⑶設備定期點檢票提示

另外為了對重點設備的點檢達到早期發現，早期治療的目標，就要對設備定期進行檢查，同時要限定那一類設備由誰檢查最合適，並作成定期檢查表，張貼在重點設備上。例如：

表 2-6　設備定期點檢

設備序號	設備名稱	擔當	點檢狀況和週期
M283	衝床	張×	1▲34●67△9○1112
……			

△：表示擔當者本人點檢。

○：專業技術人員點檢

▲●：已完成點檢

十六、利用活動看板展示目視化進度

看板是目視管理活動中最重要的工具，目視管理看板按管理對象的不同分為以下三種：

1. 生產管理看板

生產管理看板主要是生產及現場部門用於對效率、進度、納期等的目視化揭示，是現場管理不可缺少的有效工具。

2. 事務管理看板

事務管理看板主要是企業方針、企業文化的宣傳和公告、獎懲的展示，是展示企業形象的視窗。

3. 綜合管理看板

綜合管理看板綜合了上述兩種看板的功能，一般用於部門內，作用是在一個部門內用一塊看板同時即能揭示本部門的生產狀況又能傳達公司的指令和部門的方針口號。

十七、激發員工的創意熱情

為了激發全員參與的熱情和改善意識，促進目視管理工作的深入開展，就必須有所促進才行，必須對目視管理做得好的區域或個人給予一定的獎勵，並明確獎勵辦法和程序。

下面是×公司為激勵員工的創新熱情而制定的獎勵辦法，其操作簡便，獎勵適度，對大多數企業具有普遍的參考意義，特別是「辦法」中對目視管理創意的三個等級劃分，可直接應用於你公司或部門的目視管理創意評估中。

十八、對重點項目的目視化成立專門小組

1. 成立三人專項小組

找出區內的重點目視化項目以後，如何確保目視化的效果能達到三級水準的要求，這就是過程管理。目標設定得再好如果執行過程中方法不科學，監督不到位，一切都是白搭。所以在目視化管理的過程

中針對重點項目成立 2～3 人的專門推行小組是十分必要的。

2. 專項小組的分類

在成立小組前，必須先將區內的目視管理重點項目按問題點進行分類，例如設備類、事務類、安全類等等。針對各種類型所涉及的人員成立諸如設備目視化管理小組、安全目視化管理小組。人員均是和重點項目相關的現場管理者和作業者，人數一般在 2～3 人為佳。

以成立設備目視化小組為例，有一家企業，有 A、B、C 三個生產工廠，每一個工廠都有幾十台生產設備，三個工廠中型號作用完全相同的設備佔所有設備的一半，所有設備均由機修部負責維修。考慮到上述因素，他們成立了一個跨部門的設備目視化推行小組，參加人員有：A 工廠主管、員工；B 工廠主管、員工；C 工廠主管、員工和維修部主管、員工。這樣做的好處有兩點：一是有利於設備目視管理的標準化。因為我們知道，A、B、C 生產三個工廠中相同的設備佔總設備的一半，如果三個工廠各做各的話，同一種類的設備有可能出現三種不同的目視管理標誌，這和目視管理要求的標準化是相衝突的，同時在實際的使用效果上，也會大打折扣。比如說你到一個企業去參觀，在 A 工廠看到配電箱的警示標誌是三角形黃底紅字，當你走到 B 工廠看到的配電箱卻又是正方形藍底白字，給你感覺就是混

亂和不正規，沒有標準。無形中降低了這家企業在你心中的地位。第二是有利於設備目視化取得最佳的效果，因為這種方式集合了與設備有關的所有專家，他們最瞭解設備的性能，同時也最關心設備的運行狀況，設備的運行好壞與他們的工作利益息息相關，因而由他們組成的設備目視化推行小組，制定出的目視化方案是最佳的。

3. 專項小組成員分工

目視化專項小組的工作分工是比較自由的，只需在小組成員中找

一位電腦操作熟練的員工負責制作標誌和最終落實方案。

4. 專項小組工作方式

目視化專項小組的工作方式是，每週定一個推進主題，圍繞這個主題進行一次討論會，定出方案。然後到現場進行研討，最後確定方案，由負責制作標誌的小組成員落實方案。

如某公司設備目視化小組對閥門的目視化標誌的推動過程。

- 項目主題：生產部管道閥門的目視化標誌式樣及懸掛方式的確定
- 推進部門：公司設備目視化推行小組成員
- 項目週期：8 月 10 日～8 月 15 日(一週)
- 日程安排：8 月 10 日～8 月 11 日(調查生產部閥門的數量、各自的特點、標誌懸掛的難度等)

8 月 12 日～8 月 13 日(討論標誌的式樣、懸掛的方式)

8 月 14 日～8 月 15 日(現場確認、製作、懸掛)

圖 2-4　改善前的標誌及懸掛方法

改善前的標誌
及懸掛方法

圖 2-5　改善後的標誌及懸掛方法

改善後的標誌
及懸掛方法

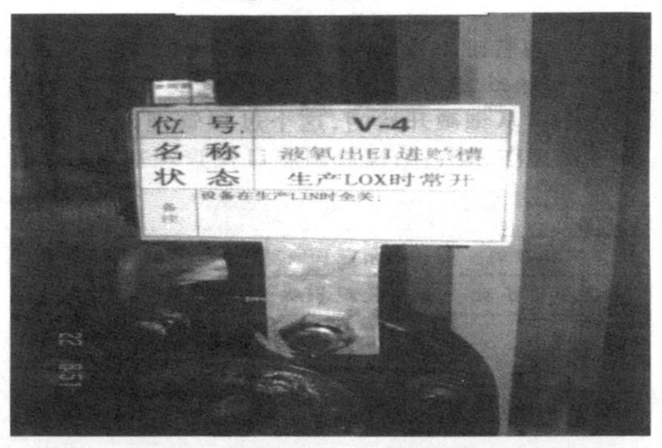

十九、先給設備定一個目視化基準

1. 設備在企業中的地位

設備是企業管理中的重點對象，在企業運作中如果設備管理不善，老出問題，生產就會停止，再好的軟體和環境也失去了意義，所以在推行目視管理活動中設備的目視化是一項重要內容。

不同企業的設備雖然各式各樣，但目視管理的水準和思路是明確而永恆的，按照目視管理的思路給設備定一個通用的目視管理基準，以供大家參考。

2. 各種設備的目視化基準

(1)螺母緊固基準

如何設立目視管理基準呢？例如設備上的螺母由於設備的振

動、運轉可能慢慢鬆動，最終可能會造成停機或安全事故。因為螺母的鬆動是一點一點從細微開始的，這個過程管理人員用肉眼是看不出來的。為了防患於未然，給螺母制定目視管理基準。如：

表 2-7　螺母緊固基準

項目	實施目的	適用範圍	表示方法
螺母	能看出鬆動	振動出現鬆動	用紅色油漆作螺母配合標誌

製作圖示：

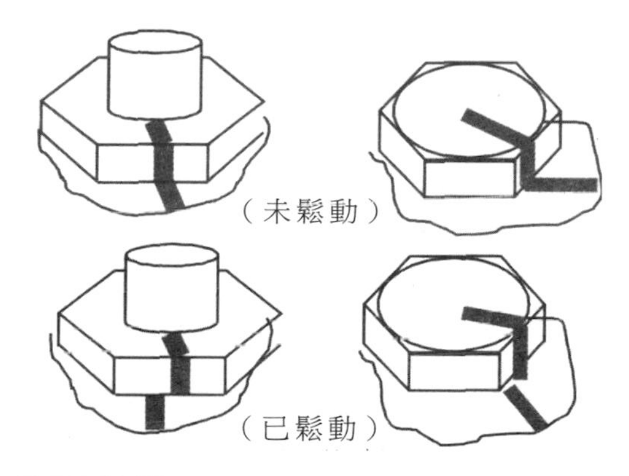

⑵儀錶範圍基準

工廠總是無一例外地有各式各樣的儀錶，到底指標指向那里才是正常的呢？要想讓每一個人均能簡單地看出儀錶的正常與否，這就需要給儀錶進行標準的目視化管理。如：

表 2-8 儀錶範圍基準

項目	實施目的	適用範圍	表示方法
指針範圍	易於區分正常與異常	管理允許範圍	正常範圍用綠色；異常範圍用紅色。用油漆在錶盤內刷出

製作圖示：

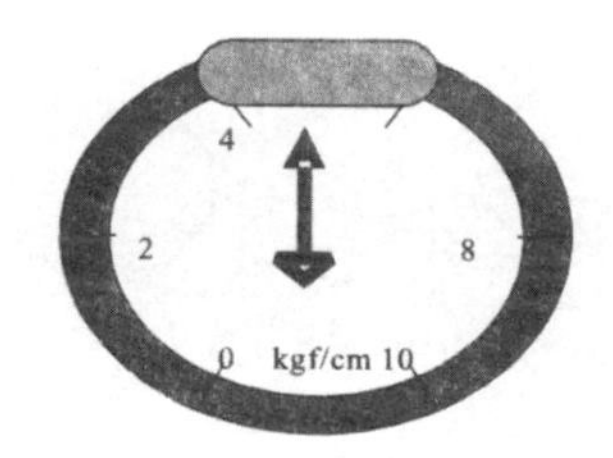

管理項目	管理基準
壓力	4-6kgf/cm2

應用實例：

⑶閥門操作基準

有設備的地方就有閥門，如果閥門操作失誤就可能會釀成事故或造成設備受損。為了防止誤操作現象的出現，最有效的辦法是對閥門進行目視化標誌。目視化標誌突破了以往設備閥門只有專業人員才能操作的誤區，而使全體人員均能一看就明白閥門的狀態和操作方法。

表 2-9　閥門操作基準

項目	實施目的	適用範圍	表示方法
閥門開關標誌	方便操作，杜絕誤操作	可能因誤操作造成安全、設備損壞的一切閥門	

應用實例：

①地面蒸氣閥

對於這種地面蒸氣閥的目視化標誌有三個方面：一是要用鮮豔的顏色和粗體字從正反兩個方向製作品名標誌；二是用紅色箭頭標出開關方向並配上文字說明。三是如果是只准專門人員操作，須作提示說明牌。製作要領是這種閥門的標誌字、箭頭等均需用油漆直接噴在閥門體上。

②各種中間閥門

這些閥門的目視化標誌內容與前一種相同，也包括品名標誌、開關方向、提示說明。但標誌的方法有以下兩點不同；其一是這種閥門因其本身一般都是豎起，而且閥身太過細小，不便在閥身直接噴字或刷箭頭作標誌，因而需另外製作標誌牌，並用正確的方法懸掛在閥門上。其二標誌的張貼和懸掛方法不能拘泥於一兩種方式，而應以閥門的具體形態具體設計。

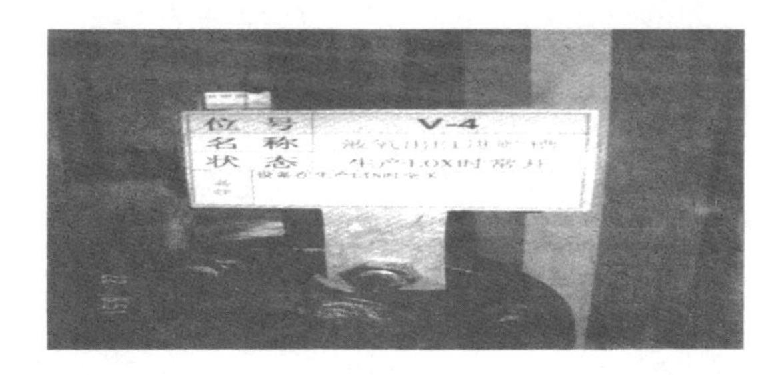

③連環閥門

這種閥門基本上是以一組為一個操作單元，在操作上有一個特點，就是一個閥門的開關會影響另一個閥門的開關。我們把這種相互有關聯的閥門稱作連環閥門，連環閥門的目視化標誌比其他類型的閥門要複雜一些。除了要製作品名、方向、提示等標誌外還要重點標示出各閥之間的操作順序和操作內容。如圖：

⑷管道流向基準

「葫蘆裏賣的什麼藥」是人們對看不到問題實質的事物，就會產生的困惑。如果這個葫蘆是透明的，那麼人們的這種困惑就不會出現了。在企業中有許多管道，它裏面流的什麼東西、是正流還是反流，流向那里？是管理者想要知道的，因為只有明白管理對象的一切內容才能作出適當的管理對策，然而這些管道外表就像那只葫蘆一樣擋住了人們的視線，使管理者產生困惑。如果有什麼方法能使這些管道像玻璃一樣透明，用肉眼能看到裏面的東西，那是最好不過了。對管道進行目視化管理就能達到這種透視的效果。

表 2-10　管道流向基準

項目	實施目的	適用範圍	表示方法
流體流向	明確管道內流體流向，方便保養操作	流體、蒸氣、壓縮空氣等管道內各種介質	

管道視覺化標誌方法有兩種，一是按管道內流體的不同用不同的顏色刷新整個管道，再刷箭頭表示流向。二是用標誌牌標示管內流體，刷箭頭表示流向。在現場，具體按何種方式操作還須視具體情況而定。當然管道目視化方法，何止兩種，更多的在我們具有創新意識的頭腦中。

⑸電機冷卻風扇運行基準

很多電機設備都帶有冷卻風扇，有時電機在運轉冷卻風扇卻壞了，管理人員又看不出來，如果不及時拆開檢查，最終的結果可能是燒壞電機。及時瞭解風扇的運轉狀況對電機的安全情況就顯得尤為重要了。

表 2-11 電機冷卻風扇運行基準

項目	實施目的	適用範圍	表示方法
電機冷卻風扇	明確冷卻風扇是否在電機運行時處於正常工作	各種設備的冷卻風扇	在出風口加一個小風車

⑹工具放置基準

幾乎所有的企業，所有的部門，所有的班組都有工具。工具如果管理不好，浪費的是使用人尋找工具的時間，企業的金錢。令我們頭痛的是要用的工具老是找不著；剛採購的工具沒用幾天就不見了。我們常見的做法是找一個櫃子或大箱子，扳手、鉗子不論什麼工具一齊往裏一塞，誰用誰去翻。開放管理，於是鉗工用完老虎鉗也不記得放回去，隨便找個自己拿用方便的地方一放完事。反正是誰拿用的也沒有記錄，大家就沒了責任心，只顧自己方便了。等到電工要用老虎鉗時就找不到了，於是申請採購，造成重覆浪費。為了杜絕這種浪費，我們必須採取最好的管理辦法，對工具實施放、取、存系統管理，這個方法就是目視管理。

表 2-12 工具放置基準

項目	實施目的	適用範圍	表示方法
工具管理	1. 工具的放置位置 2. 工具的去向	有工具的部門	形跡管理 拿取掛牌

⑺備品取用基準

一台堆高車壞了，維修工劉師傅經過檢查發現是一根供油管破了需要換一根。當他去備件庫找時卻發現這種油管沒有了，再採購最快也需要一天的時間，在這一天中堆高車停用，造成人員和設備的雙重浪費，因為少了一台堆高車同時還會影響倉庫的作業效率。就是因為一根小小的油管竟然造成一連貫問題。究其原因就是備件管理不妥當。如果備件的放置、發注一目了然的話的就不會出現斷貨的情況。那麼對備件進行目視管理就顯得非常必要了。

表 2-13　備品取用基準

項目	實施目的	適用範圍	表示方法
備品管理	規範放置明確發注	管理允許範圍	

二十、讓所有人更清楚自己的崗位

1. 崗位職責目視化

如何使現場每一位作業員的作業崗位職責一目了然是目視管理的一項重要內容。推動員工崗位的目視管理，是為了實現企業的最高利益。通過透明各小環節的操作進度，達到即時瞭解企業整體運作狀況的目的。

2. 崗位職責目視化的方法

(1)作業進度圖

各操作崗位作業進展狀況通過圖表管理看板等方式揭示出來，達到一目了然。

(2)作業重點提示

各級員工崗位作業中的重點內容用簡捷的語言進行歸納，並張貼在各操作崗位前，以達到一目了然的效果。

例如，把堆高車安全操作的重點內容列印出來縮成 B8 大小的紙，用膠套粘貼在堆高車顯眼位置，使堆高車司機每時每刻都能看到該怎樣操作是最安全的。

表 2-14 堆高車安全操作的重點

序號	隱患點	標準要求	目前狀況評估	管理方法
1	車速過快	· 主幹道 15 公里/小時 · 進出門、叉道、拐彎處 5 公里/小時	普遍存在	現場判斷
2	堆高車運行換文件時不踩剎車	· 堆高車運行中，換文件必須先踩剎車； · 使車停住後方可換文件。	普遍存在	目視
3	下車後不熄火	· 人離開車超過 3 米，必須熄火。	老員工中較多	統一認識
4	急轉彎 急剎車	· 轉彎處須減速、緩行、鳴喇叭； · 緩慢剎車；嚴禁急剎車。	普遍存在 重視不夠	日常巡查重點跟綜
5	載人升降	· 載人升降時必須有防護裝置	普遍存在	日常巡查

⑶崗位作業流程圖

製作崗位的作業流程圖，並張貼。員工一看就能明白這個操作崗位該幹什麼、怎麼做。

例如，倉庫進庫作業流程圖

圖 2-6　崗位作業流程圖

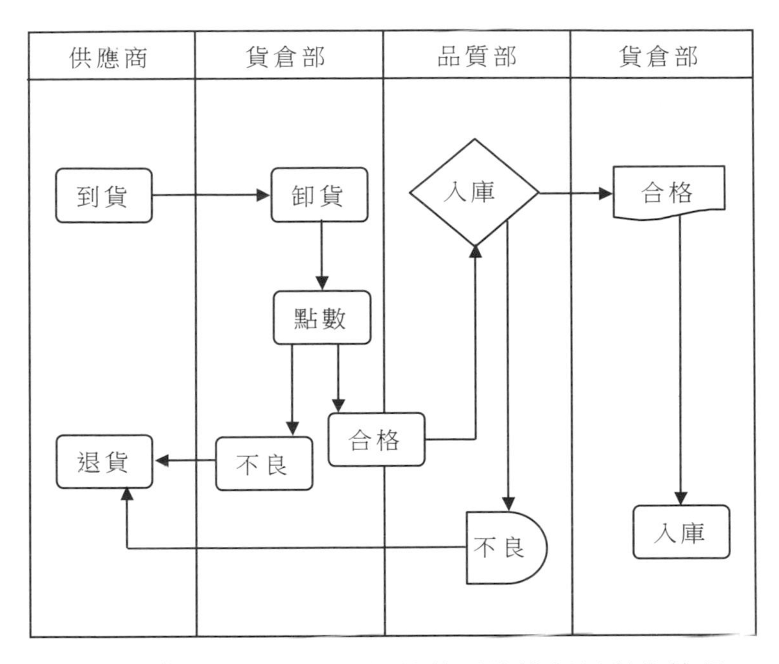

其他工作崗位也可按照上述提供的思路進行目視化管理。

二十一、給目視管理分級來衡量效果

1. 目視管理的效果分級

目視管理按效果一般分為三個等級：初級、中級和高級。在制定目視管理目標時，按企業的實際情況分階段逐級推進，既能取得良好成果又能鍛煉員工的動手能力和創新意識。

2.初級目視化效果

目視管理的初級水準是指,通過目視化使管理對象能看出目前的狀況。例如馬達是否在動,在沒有進行目視化以前是看不出來的。

按照目視管理初級水準的要求,我們在馬達的出風口上拴上一個紅色的飄帶,馬達運行,飄帶就會飄起來,馬達如果關閉,飄帶就會下垂停止飄動。這樣任何人用眼睛就能看出馬達目前的狀況是運行還是停止。

3.中級目視化效果

目視管理的中級水準是指:通過目視化管理使管理對象不但能看出目前的狀況,還能看出目前狀況是正常還是異常。仍以馬達為例,在初級目視管理的基礎上給飄帶加上正常和異常範圍標誌,使任何人能用眼睛就能看出這台馬達的運行是正常還是異常。

4.高級目視化效果

目視管理的高級水準是指:如果管理對象出現異常該怎樣處理?處理的方法也能目視化,一旦出現異常,任何人都能立即知道該怎麼樣處理。例如馬達,在進行了初級和中級目視化後,一旦馬達出現問題該怎麼辦或是該找誰處理,這些都仍舊看不出來。所以須對馬達的運行進行高級的目視管理,在馬達背面做一塊看板將馬達常出的問題和異常處置方法及日常保養部位列明。這樣就形成了一個比較完善的目視化系統,既能判斷現狀又能知道發生不良的處理方法和日常保養的要點。

通過上述三個事例,我們各用一句話歸納目視管理三級水準的判斷標準:

初級水準:任何人能明白目前的狀況。

中級水準:任何人都能判斷是否正常。

高級水準：異常處理列明。

參照這三個水準，你可以對你的責任區內的目視化狀況進行衡量，看一看你自己的目視管理是什麼水準，趕快行動吧，因為只有明確目標和正確的衡量才能看出自己的不足。

※ 附 1：某公司傳達會實施辦法

傳達會是確保計劃、任務和組織精神得以上傳下達、積極落實的重要管理手段，因此需認真運用，特別是各小組，作為執行的主體，傳達會的品質直接關係到執行的品質。

1. 每週班組長在參加部門目視管理小組會議後，第一時間召開班組傳達會。

2. 會議開始前將部門目視管理小組會議記錄分發給組員，將其中有關本班組的內容加上責任人並用螢光筆劃出。

3. 指定一名組員為傳達會議記錄員，重點記錄員工提出的問題和解決方案。

4. 首先由班組長將部門目視管理小組會議的重點和本班組的任務作傳達，要求內容明確，方法具體。

5. 其次將本班組的任務逐條落實給每位員工，同時詢問員工 3 個問題：

⑴是否完全明白？

⑵是否決定執行？

⑶執行有何困難？

6. 在傳達任務時員工提出的執行方面的困難，班組長必須當場記錄在筆記本上，儘量馬上尋求解決辦法，並作出「我會支持你」的承諾，同時會後必須到問題現場，協助員工落實該問題。

7. 班組長在落實任務時必須確保詢問到每一位員工，並認真聽取和記錄員工的具體意見。

8. 對員工提出的超出本次會議議題的問題，班組長應做記錄並告知員工答復日期，決不能武斷否定或以超出議題為由禁止員工提出，但應限制時間。

9. 班組長與員工逐條確認任務和完成日期時，應督促員工記錄下來，避免遺忘或拖延。

10. 記錄員製作《傳達會議記錄》，列明本次會議的重點、傳達的任務、責任人、完成期限等，並在會後請員工在會議記錄上簽字確認。

11. 傳達會的三大要點：

⑴不能使傳達會變成聊天會，班組長必須控制好會議的節奏和主題；

⑵嚴格限定會議時間，一般傳達會不得超過 1 小時；

⑶有重要的任務須傳達時，可請部門主管參加。

第3章

目視管理的實施、評鑒

一、目視管理心理準備七要素

1. 全體員工的工作都與目視化有關

生產線的組裝工小王，覺得目視管理好像和自己沒有多大的關係，應該是管理者的工作，所以在公司推行目視管理活動時，小王的積極性不高。

其實這只是小王認識上的差錯，因為全員自主管理和全員參與經營是企業最終要達到的管理目標，目視管理作為一種管理手段，也是為了達到管理的最終目標而出現的，因此全員參加相當重要。

要想員工自主管理自己的作業，首先就要使管理的內容顯示出來，因為員工可能會調換工作，但工作內容是相對固定的，使新入職的員工也能儘快熟悉工作內容，適應自主管理的要求。目視管理就是當前最有效的手段。

有時管理者安排一項工作，即使管理者能清楚所安排工作的內容，但若接受指令的員工並不清楚，那麼這項工作安排也就不具有任何意義。嚴格區分管理者與被管理者的工作已不符合現代企業管理要求。全體員工以主人翁的責任感參與到目視管理活動中去是目視管理能夠成功的關鍵和必要條件。

2.讓外行對正常與否也一目了然

為了達到目視化的管理目標，必須對目視管理項目細節制定明確的標準和具體可行的方案，具體到由誰主導，用什麼方法，需要那些工具，那些部門場所需要做到什麼程度的目視化，可預見的困難有那些，預期完成週期是多少。其次是要培養一批能夠實施目視管理的人才作為推行骨幹，到各工廠基層去指導。

所有的這一切都只為了一個目標，就是使目視管理項目的每一個做法除了相關人員能明白外，即使外行也能一眼就看明白管理的狀態。「讓外行也能明白」就是目視管理的核心要素。在目視化程度各不相同的作業現場要想達到這種水準，就需要在現場作業中的你我發揮鑽研、創新的熱情，並不斷進行改善，以提升自己職場的目視管理水準。

3.充分利用五官的感覺

為了適應管理對象的不同特性，也為了使目視管理的範圍更加廣泛，在進行目視管理時除了強調用視覺以外還得充分利用聽覺、觸覺、嗅覺等人的所有感覺系統，以期取得最佳效果。在現場判斷的時候除了用眼睛看以外，還可以用手摸、用鼻子聞等等動作，充分利用人的五官，這也屬於廣義上的「目視管理」。

4.用自主管理來取代人的管理

以往管理者往往是企業倚重的對象，為的是管理者通過行使權力，統轄員工為企業的利益服務。管理者對手中的權力會產生優越感，常常會發生管理不當，加深員工和企業矛盾的反作用。同時管理者在管理的過程中為了個人利益也可能會出現一些弄虛作假的情況，在傳統的一人管理這種不透明的管理體制下會出現管理者失去監督，欺上瞞下的事情。

目視管理正是要將這種不透明的一人管理模式，改造成公開的全員自主管理的新模式。當人人均明白管理項目的所有內容，進行自主管理時，管理者的作用只會越來越小，而這正是未來企業管理的方向。

5. 從產品設計階段就重視目視管理

目視管理的思路從產品的研發階段就應該貫徹進去。只有這樣在產品成形的加工、裝配、儲存等各階段才能少出問題。比如有家跨國飲料生產企業，採用全自動灌注機注裝飲料，按設定的注裝量，每一瓶汽水裝 355ML 是符合品質標準的，但是機器有時也會出些小差錯，所以有時會裝出 400ML 一瓶的汽水，有時也可能會裝出 300ML 一瓶的汽水，他們把這種不合格汽水通稱「高低水」。因為和標準要求差別較小一般肉眼不易發現，該公司為了防止這種「高低水」流入市場，曾專門安排人員在汽水下線處借助燈光進行逐個檢查，然而仍有很大一部分沒有檢查出來，流入市場，造成了消費者的投訴。通過公司品質部的研究發現，目前採用的汽水瓶在設計上就存在著漏洞，瓶體上沒有任何關於容積的刻度標誌，從而使檢查人員只能憑經驗判斷，而細微的差別是很難分別出來的。

後來該企業要求生產汽水瓶的供應商，生產汽水瓶時在瓶體上作一條容積刻度線，從 0 毫升到 500 毫升清楚標示出來。汽水注裝到什麼程度生產線打包的員工一眼也能看出來，不用再安排專人進行檢查。

6.尋找理想狀態，樹立示範樣板

美國通用前 CEO 韋爾奇曾提出了「無邊界」管理理念，核心就是企業管理要打破行業的隔閡，跨行業尋求先進管理方法和管理思路。目視管理充分體現了「無邊界」的管理，任何企業的任何管理項目均可進行目視化管理。因而通過參觀別人的工廠或收集目視管理資訊，從不同行業中吸取經驗，構築公司理想形象。同時在公司內選定一個區域或部門作為樣板區進行試點管理，目的是為了能夠不斷提高企業的目視管理水準。

7.從模仿到創造，加入自己的智慧

目視管理的方法各種各樣，企業剛推行目視管理時，一般是從模仿別人的方法開始。深入開展後發動全員開展目視管理創意活動，這時就需要每一個人發揮創造和鑽研的熱情，一邊利用已有的經驗，一邊不斷加入自己的創意，從而促進目視管理向深度發展。

二、如何進行目視管理

目視管理通常是按照物品、資訊傳遞和異常這三個方向來進行的。

1.物品的目視管理

對物品這種有形的東西，在管理上一方面要讓它們堆放有序，不能雜亂無章，同時又能很容易地掌握每一個物品的情況。那麼，在管理上如何能達到這個目標呢？目視管理給我們帶來極大的便利，針對工廠那些看得到、摸得著的物品，如原物料、機器設備、工具等，進

行用看就能掌握住一切的管理。

物品的目視管理，就是利用 5S（整理、整頓、清掃、清潔、素養）這五種方法，來消除工廠內的許多盲點，使生產現場更有秩序，機械和產品的精度和穩定的品質就能夠得到有效的保障，許多不合理的浪費得以消除。因為這五個日文辭彙的羅馬拼音的字首均為 S，所以，在日本把這五個活動統稱為 5S。

這樣一來，無論是誰都能一眼就看出生產現場存在的問題，包括違反企業的規章制度也能及時發現，從而讓員工做到自主管理，提高了工作效率。減少了管理成本。

2. 資訊傳遞的目視管理

資訊的傳遞對工廠的管理是十分重要的，然而資訊是一種無形的東西，想要讓它們能通過目視來管理，首先得將這些無形的東西，變成有形的東西。如何讓這種無形的東西變成有形呢？可以通過看板、號誌等來幫忙。

一般而言，工廠內所傳達的資訊，大致可以歸納成以下幾個方面：

⑴依傳遞的對象來區分

a)傳遞給特定的對象

所謂傳遞給特定的對象，是指傳達這些資訊的目的，是因為遇到了麻煩，需要特定的對象來協助解決，或是有某些資訊，要傳遞給相關的人員，供他們參考。

傳遞給特定對象的目視管理方法，在工廠常見的有：

· 人力短缺指示燈

當某一個作業單位人手不夠，急需人力支援時，所採用的呼叫系統。通過這個燈號的顯示，有餘力的個人或單位就能立刻前往支援。

· 異常指示燈

異常指示燈通常安裝在生產線上。當生產線發生零件不足、零件不良、機械故障、緊急事故或是其他原因，足以造成生產延誤時，現場人員可按下有關的呼叫按鈕通知相關人員。

· 缺料指示燈

這個指示燈安裝在倉庫或是其他容易被送貨人員注意到的地方，當生產線發現原材料快用完時，只要把按鈕一按，缺料指示燈就會亮，通過這個訊號，通知倉庫或是供料單位趕快供料。

b)公佈給大眾

希望全廠員工們都能知曉的資訊，也可以通過一些看板及號誌來傳達。

· 進度指示燈

可以通過進度指示燈把有關生產狀況顯示出來，便於作業人員隨時掌握自己的生產進度，而發揮其督促的功能。

⑵依部門區分

表 3-1　不同部門號誌看板的種類

部門	號誌看板種類
計劃	生產計劃看板
採購	交貨進度看板、催料看板、供應商管理看板
派工	派工看板、樣品看板、崗前訓練看板
倉庫	呼叫看板、隨貨看板、物料指示看板、倉庫看板、紅線管理
現場	責任位置看板、作業指示看板、檢驗標準看板、效率看板、運作指示看板、異常指示看板、安全看板、激勵看板
出貨	出貨指示看板、貨品說明看板

· 運行指示燈

這是表示機器運行狀態的一種裝置。當機器停止運行時，可以根據停止的原因，亮起不同顏色的燈光信號。

· 異常資訊看板

將一定時間內所發生的異常情況予以公佈，以引起大家的注意並加以糾正。

3. 異常情況的目視管理

一般情況下，工廠可能會出現的異常大致可分為物品異常和資訊異常兩類，不同的異常類型要採取不同的目視管理手法。

(1)物品異常

生產過程中出現的不良現象，要引起足夠的重視，否則會給企業帶來不應有的損失。目視管理的目的，就是要利用醒目的方法，來提醒全體員工注意不良品的發生，用自我約束來達到寓禁於視的目標。

如何將目視管理運用於企業內部來控制不良現象的發生呢？

a)將不良品放置區獨立並醒目標示

存放不良品的區域應該和其他成品、原物料等區分開來，以免發生管理上的混淆。當然不良品放置區不宜放置在企業的死角或偏遠地區，否則難以發揮目視管理的功能。

為了讓大家一目了然，知道這個地區放置的全是不良品，同時也清楚這些不良品的名稱、規格、數量、發生日期、生產人員等，可以用將這些資訊寫在「不良品看板」上。可以採用如下幾種看板：

· 招牌看板

在不良品放置區的明顯處掛上一個「不良品區」的看板，讓大家一看就知道這裏就是不良品的放置區。

· 路標看板

如果不良品區的面積足夠大的話，最好也能仿效倉庫的管理一樣，在不良品區的大門口立上一個標示看板，這樣可以很容易地發現要找的不良品的具體位置。

· 品名看板

所謂的品名看板，就是在每一箱(包)不良品上掛上一個品名看板，上面標示著這箱(包)不良品的名稱、數量、不良原因、發生日期及生產人員等等。

b)設置現場不良品箱

生產過程產生不良品在所難免，有些企業員工為了怕被主管責備，或是為了隱瞞問題，往往會把自己所生產的不良品，找個地方給藏起來，這種報喜不報憂的行為，會隱藏企業經營的真相；再則，因為看不到，所以不會給當事人及相關的人員帶來壓力，就會讓不良品問題一直蔓延下去，對企業造成更大的傷害。

為了杜絕這種問題的發生，企業可以在生產現場，設置不良品放置箱，並規定生產中出現的不良產品，必須把不良品放置箱內。要讓員工知道，設置這個箱子的目的是為了讓大家知道今天有多少不良品出現。不良品放置箱的設計要遵循以下幾個原則：

· 不良品箱的位置應放在大家容易看得到的地方，只有看得到，才會有警示的效果。

· 箱子要漆成紅色，力求吸引大家的注意和重視。

· 不良品箱目視的那一面，要用透明材料製成，這樣從箱子外面就能看到不良品的數量。

· 如果產品不良率偏高，不良品箱要設計成帶有分格板樣式，把不同的不良品加以分類存放，便於處理這些不良品的人拿取方便，提高效率。

c)設立不良品展示看板

在員工流動量大的位置，設立不良品看板，將經常出現或重大事故的不良品，以實物的方式展示出來，讓員工每天都能看見不良品，產生強烈的心理衝擊，從而杜絕不良品出現。

當然，不良品除了由企業內部產生，也有來自供應商或協作廠商的進料，其中就可能夾雜不良品，此時也可利用不良品看板，來加強進料檢驗人員的印象。

⑵資訊異常

將各種異常資訊，快速而且正確的反映給有關單位或個人，讓他們能在第一時間來協助解決和排除異常，使生產能順利進行。

有兩種方法，可以是企業借用目視管理來對異常資訊進行處理：

a)異常號誌看板

當生產發生異常時，會立即反映在異常號誌看板上，讓大家能馬上瞭解到存在的問題點，而做必要的處理。例如在紡紗工廠的重要地點設置一個「斷線看板」，當紡紗生產線連續發生斷線時，這個看板會立刻顯示問題，讓大家有所警覺並採取應急措施。

b)標線

廠內某些地方因為管理、安全等方面的需要加以禁止通行，但這種禁止在沒有人員管理的情況下，往往容易被人忽略，而造成管理、安全方面不必要的困擾。標線的方式，就是解決這個問題最好的辦法。

例如由於安全作業上的考慮，工廠消防通道前是禁止停放車輛，或堆置物品的，但這一點往往會被忽視。如果在消防通道前面，用標線畫出一個禁止停放或禁止堆置區，將有助於做好這方面的安全管理。

三、目視管理貫徹執行七要素

1. 方法手冊化

圖 3-1 儀錶的目視化粘貼方法手冊

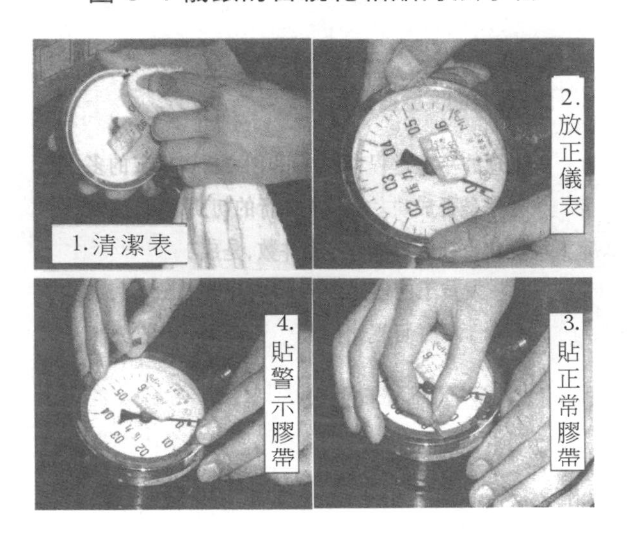

目視管理活動在執行的過程中，須一邊做一邊將已取得的成果進行規範化，作成向後進部門參考的樣品，同時也可形成企業自己的目視管理。

2. 設定量化的效果指標

任何一個部門均有許多衡量部門業績的指標，在主管眼中有些時候，這些指標就代表著工作的好壞。目視管理就是要將這些指標的執行狀況和過程用各種方式在作業現場揭示出來，一來便於管理，二來也可隨時提醒你這些指標的優劣狀態和完成狀況。

圖 3-2 設備不良問題分析圖

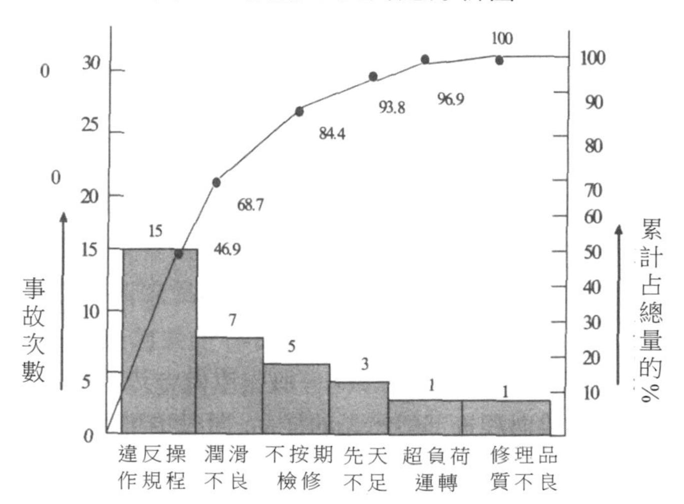

3.設定量化的實施指標

在目視管理的實施過程中，改善和創意提案件數的多少代表了目視管理執行得是否成功。因而在執行的初期，在自己負責的區域內確定人均量化目視管理改善創意件數，是成功推行目視管理活動的關鍵。為了激發員工的創意熱情，建立部門員工改善提案看板，例如規定每人每月不少於 4 件目視化提案，並在看板上張貼。

4.設立示範場所促成典型事例

目視管理在剛開始前先在選定的樣板區推行，等樣板區取得了一定的成果後再向全區推廣。所以說樣板區推行的好壞直接影響整體目視化的效果，因而樣板區必須作出幾件有代表意義的目視管理事例，方能促進非樣板區目視化工作的開展。

5.由專門機構負責准備用品和水準展開

組建全公司的目視化推行組織

6. 有計劃地實施

目視管理工作的推行必須嚴密按計劃進行，方可取得成效

7. 貫徹的基礎是促進方法的運用

目視管理活動是一項長期的需要全員參與的活動，全面貫徹目視管理的最終目的是促使員工在作業過程中自覺地使用這種方法，養成自主發現問題、自主解決問題的良好習慣。

四、目視管理實施要點

企業推行目視管理活動時，首先要設法塑造容易管理的環境，即任何人看到目視管理工具後，立刻瞭解現有狀態是否異常。因此，導入目視管理不僅僅是利用文字或數字，還必須對現場管理方面的管理界限通過視覺化的工具，比如劃線、設定顏色、高度等表達方式，顯示現有狀態是否異常及應有狀態的管理基準，以起到預警的作用，提醒相關人員不正常時應採取「停止作業」或「停機」等措施。

目視管理看似簡單，在許多工廠都有導入和推行，但真正在實施時，卻未能達到預期效果，雖然作業場所掛滿管理看板及圖表，但往往「有其形而無其魂」，以致流於形式，例如：

1. 雖然設有不良品放置場所，並以顏色予以標示。由於未追究不良的真正原因，因此，反覆發生同樣的不良現象，未能達到特地設置「不良品放置區」的目視管理目的。

2. 雖然生產現場張貼「良品率管理圖表」，然而，即使良品率有下降的趨勢，甚至已是過時的數據，但有關人員每天走過看板，卻視

而不見，一直未採取任何改善對策。

3. 雖然裝配線上設有警示燈號，但未充分活用；即使燈號亮起來，管理者也未立即前往查詢究竟而予以處理。

4. 雖然裝配線上設有「生產日程管理板」，但即使排程已發生延誤，卻未充分追究原因，當然更談不上採取適當的對策。

對於上述狀況，究其原因，不外乎以下方面：

1. 未能徹底理解目視管理的目的及建立推行組織；

2. 未設定具體的活動項目、目標；

3. 目視管理工具不理想；

4. 未能對目視管理用具運用實施教育；

5. 管理者的策劃力、領導力、改善力不足；

6. 主管對目視管理關心程度不夠，各部門難以合作。

因此，工廠在實施目視管理活動時，讓全員擁有問題意識，通過不斷的教育訓練，形成全員挑戰目標、掌握問題點、追究要因、採取對策的持續活動。

目視管理實施能否成功，有賴於推行委員會的組織、指導，使工廠各相關部門達成共識，步調一致地展開活動。

◎全員教育訓練

通過教育訓練，讓全員瞭解目視管理的涵義、活動目的及內容、方法、要領。教育訓練由推行委員會組織人員，依據工廠的實際狀況，編制適用的目視管理教材。

◎設立管理項目、標準

對於作業及檢查項目的標準，要有清楚明白的標示，一有異常，員工可立即與標準比較，進行判斷。如果沒有明確的標準，作業員將不知所措。特別是比照外觀判定的限度樣本，如電鍍、噴油的表面狀態、印刷品的清晰度等。

目視判定標準的制定要讓作業員參與，而不只是現場管理人員清楚目視管理的規定及辦法。

◎從 5S 活動開始

5S 是工廠管理的基礎，未徹底進行 5S 的工作場所，無法期待活躍的改善活動，5S 要能夠徹底實施與維持，目視管理不可或缺。

全廠徹底實施 5S，是目視管理實施的基礎。通過整理、整頓活動，徹底確立物品的放置場所、保管方法、包裝方式的標示，使目視管理變得容易。

◎按規定執行

目視管理自導入階段起，即要求全員嚴守目視管理規定及辦法。一有任何異常狀態，立刻採取適當的對策，以免目視管理成表面工夫。例如物料架各層都有標示，那麼必須按標示去放置物品，拒絕亂擺亂放。

◎與 QCC、提案制度結合

相關人員通過 QCC 活動及提案制度的運作，借此集思廣益，群策群力，構思有創意的目視化工具，進而提高目視管理效果。

◎制定激勵辦法

制定目視管理活動競賽辦法，對於積極推行而且成績優秀的部門，予以適當的獎勵，對於表現不佳的部門，予以適當的懲罰，如列入績效考核。在目視管理競賽活動中產生的樣板單位，由推行委員會統一安排時間進行參觀、學習，以激發更好的創意。

五、(實例)目視管理活動辦法

※ 某公司目視管理活動辦法

1. 目的

為塑造一目了然的工廠，改善工作環境，使工作合理化，提高工作場所的安全、品質與效率，以達到「強化體質；永續經營」的目的，特制定本辦法。

2. 適用範圍

本公司所有部門、員工。

3. 活動目標

(1)明確並繪製區域線。

· 黃線→安全道——不可有物品超出線外；

· 白線→物品放置區——物品不可亂放，且在白線區內堆放整齊；

· 紅線→禁放區——在消防器材或配電盤前之紅線區內，不可放任何物品；

(2)進行物品的標示，100%的實現物品「三定」：定品目、定位置、定數量。

· 物品與放置區的標示必須一致；

· 櫃子、架子各層物品必須歸類，且標示清楚。

⑶活用重點標準、重點訓示、查核表。

⑷活用管理看板、管理圖表。

⑸確立「廠用設備顏色標準」。

⑹統一製作全廠安全標誌。

4.活動期間：共四個月

⑴中間評核五次(佔 60%)。

⑵最終評核(佔 25%)。

⑶發表會(佔 15%)。

5.組織及職責

⑴組織：目視管理推行委員會(見附表)。

⑵職責：

· 推行委員會

①擬定有關目視管理活動的年度推行計劃；

②擬定有關目視管理活動辦法並推動；

③擬定有關目視管理活動的教育計劃並實施；

④擬定有關目視管理活動的宣導事宜；

⑤擬定修定有關目視管理活動的組織規定、實施辦法與標準。

· 主任委員：設主任委員一人，由總經理擔任，主持委員會會議，宣示有關項目活動的策略、方針，並進行指導事宜。

· 執行長：設執行長一人，由主任委員派任，配合公司方針及執行主任委員的指示，統籌項目活動事宜，並督導各工作小組的工作。

· 執行秘書：設執行秘書一人，由委員中選任，任期為一年，連選得連任。其職責如下：

①開會通知、資料準備及記錄；

②協助執行長推行目視管理項目活動：

③協調各工作小組的業務。

· 工作小組：委員會之下設策劃小組、宣導教育小組、評鑒小組等三個工作小組，各設小組長一人，由委員中選任，任期為一年，連選得連任，負責綜理各小組事務與推行。各小組由 3—5 名成員(含各小組長)組成，由小組長聘任，成員不一定為執行委員，若非執行委員者，則以主任委員名義發予聘書，以示慎重。工作小組職責如下：

①策劃小組：

a 編制年度活動計劃及預算；

b 策劃活動辦法；

②宣導教育小組：

a 設計、製作海報或標語等；

b 編印宣傳資料等(如卡片)；

c 擬定教育計劃；

d 編制教材：

c 實施教育訓練及輔導事宜；

f 安排講師；

g 安排授課場地及準備教具；

③評鑒小組：

a 評鑒各項活動；

b 評估活動績效；

c 實施效果督導及追蹤。

· 總幹事：由三個廠長及稽核室主任擔任，其職責如下：

①協助工作小組的業務推動。

②督導各執行委員推動各項項目活動。

· 執行委員：由各課課長、各組組長及部門實際負責人構成。其職責如下：

①教育宣導；

②執行項目推行委員會決議的事項；

③協助工作小組的業務。

6. 會議的召開：

分為定期會議及臨時會議。

⑴定期會議：每兩週召開一次委員會會議，所有委員全部出席。

⑵臨時會議：主任委員或執行長認為有必要時得隨時召開。

⑶會議主席：由主任委員擔任，因故未能出席時得由執行長代理。

⑷會議記錄：由執行秘書記錄整理後分發給各委員。

圖 3-3　目視管理活動推行委員會組織表

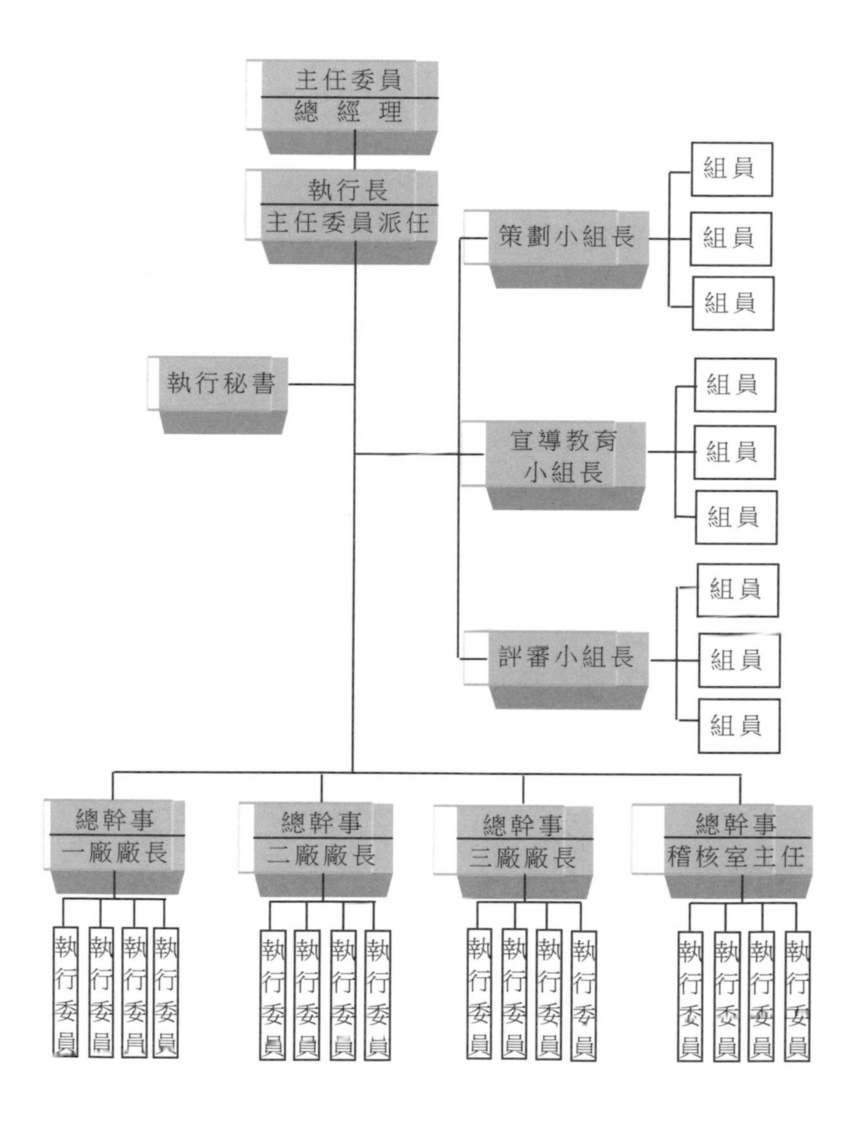

六、目視管理用具

目視管理的實施，要利用海報、標語、看板、圖表、各類標示、標記、重點訓示、重點標準等用具，正確傳達資訊，使全員瞭解正常或異常狀態，瞭解判定事態的標準及採取行動的標準，因此，目視管理要具體可行，必須依設定的管理項目準備目視管理用具。

準備好目視管理用具後，目視管理推行基本上可進入實施階段。但是在實施過程中，往往會發生目視管理工具無法充分運用的情況，例如，生產現場的生產管理板一定要及時記入生產實績和問題點，但卻沒有記入或即使生產出不良品，也沒有放進不良品箱，而是隨便擺在地板上，或者在裝配生產線的作業員頭上設置電光警示燈，但對作業員點燈的時機卻未作相應的規定。

因此，為使目視管理工具能充分運用，必須製作說明運用規則的手冊，在現場舉行說明會，公佈大家都能看懂的使用要點。並將手冊分發給相關人員。

◎目視管理各階段用具

（一）推行階段的廣宣用具

1. 刊物：以黑板報、專刊的形式，通過漫畫等手段向員工灌輸目視管理實施的目的、內容及效益等，激發全員參與熱情。

2. 海報。

3. 標語、橫幅。

（二）導入、實施用具

1. 教材

2. 目視管理 Q&A：利用朝會或週會時間，以 10～15 分鐘的時間，針對基層員工，進行在職訓練，可採取有獎征答的形式，提高其參與的興趣。

一般工廠使用的目視管理用具，主要有如下幾種：

1. 豐田式的看板管理系統；
2. 5S 的紅色標籤、區域線及標示等；
3. 各種警示燈；
4. 異常狀態的實物展示；
5. 改善實績圖表；
6. 作業指示書；
7. 各種查核表。

以下就幾個大項目說明常用的目視管理工具(表 3-2)

表 3-2　目視管理的實施用具

制程管理 交期管理	生產管理板、進度管理箱、電光標示板、流動數曲線負荷累積表、交期管理板、催促箱、交貨時間管理板	現品管理	放置場所編號、品名標示看板、料架牌、現貨揭示板、庫存標示板、最大最小庫存量的高訂限制或空間標示、訂購量標籤、不要品紅色標籤、缺貨庫存標籤、過大庫存標籤
品質管理	不良圖表、管制圖、不良品放置場、不良品展示台、品質查檢台、不良處理規則標示板、界限樣本、不良樣本、初期物品查檢台	設備管理 治工具管理	重要保全設備一覽表、保全及點檢處所標示、點檢查檢表、金屬模具及工具放置場所編號及品名標示、工具形態放置台、測定器具形態放置台、管理負責人名牌
作業管理	作業標示板（燈）、作業標準書、人員配置板、個人別出勤表、刀具交換預定實績表、停機記錄表、設備運轉率圖表、作業改善例揭示板	改善目標管理	月別生產計劃達成率表 月別接單交期達成率圖表 月別作業率、作業效率圖表 月別不良件數圖表 月別庫存推移圖表 月別製造成本降低圖表 月別 5S 進度圖表

（三）目視管理查核用具

1. 查檢表；
2. 改善前後照片、錄影帶；
3. 目視管理評鑑標準表；
4. 目視管理評鑑報告。

◎目視管理用具設計要點

目視管理用具的設計，要考慮工廠生產形態的特點及管理水準設定管理項目，然後對照設計實施用具。例如針對進度管理、作業管理的需求，設計、製作相關的管理圖表、看板，對生產排程、材料、備品交期進度、作業標準、成品庫存狀態、設備稼動狀態實施目視管理。表 2—6 即作業管理的管理設定項目與實施用具對照表

1. 每個人都能看清楚

目視管理工具要考慮字體的大小，或構思生動的圖畫或漫畫及底色與字體顏色的強烈對比等。

字體太小的話，看的人要靠近才能看清楚，會造成當事人的不便。

其次，畫面如果生動活潑的話，不但可激發有關人員的興趣，且可加深印象，使其能「看圖識事」，而達到「一目了然」的效果。

另外，要留意底色與字體顏色的配襯，例如：深紅色的底色寫上黑色的字體，看起來一定很吃力。因此，當底色深時，就要寫上淺色的字體，諸如藍底白字、或綠底白字；當底色淺時，就要寫上深色的字體，諸如白底藍字、或白底綠字。讀者不妨多注意街道兩旁的招牌，一定能立刻印證上述的觀點。

表 3-3 作業管理設定項目與目視管理實施用具對照表

管理設定項目	目視管理用具
是否確實掌握生產量？	目標生產量標示板 實績生產量標示板 生產量圖表
作業員是否按作業標準作業？	作業標準書 作業指導書 作業要領書 標準作業組合表
是否發生等待作業指示？	作業標示板（燈）
是否因換模而停止作業及按照換摸作業標準進行作業？	作業標示板 換模作業標準書 換模查檢表
是否按標準時間、標準週期期間進行作業？	生產量標示板 時間標準書 生產管理板
現場、生產線人員配置是否適當？	人員配置板
是否有請假、外調、早退人員？	個人出勤表
是否發生作業員的過量與不足？	上班率表、上班率圖
是否實施多能工化？	多能工化計劃表 多能工化率推移圖
機械的刀具是否按規定頻率交換？	刀具交換預定表 刀具交換實績表
機械是否經常停止？	經常停止記錄表 經常停止柏拉圖 運轉標示板
機械是否故障？	故障時間表、圖 運轉標示板（燈）
是否瞭解設備每天的運轉情況？	運轉率表、運轉率圖
工作開始前及結束後的準備、收拾是否按步驟進行？	工作開始查檢表 工作結束檢表
是否實施作業改善？	作業改善初稿圖 作業改善例揭示板

2. 明確管理或傳達的內容

不管是在生產現場或事務現場，所要管理、傳達的事項無非是產量(P)、品質(Q)、成本(C)、交期(D)、安全(S)、士氣(M)等六大活動項目，利用圖表顯示其目標值、實績、差異，以及單位產出(每單位人工小時「MH」的產出)、單位耗用量(每批產品或每個產品所消耗的材料費、勞務費)等。

3. 異常狀態可立刻分辨

通過目視管理，不管是誰，都可依標示針對現狀提出指正、評價，例如：對於停止運轉達兩天的設備，特地掛上停止原因的標牌，其主要理由如下：

1. 待修：設備本身故障；
2. 待料：諸如材料、配件未到；
3. 待人：操作員不足或請假；
4. 待訂單：尤其是訂貨生產的產業，無法預製庫存品。

這樣，每到廠巡視的董事長或總經理，如果看到「待修」的牌子，就會找生技部經理，深入瞭解狀況；如果看到「待料」的牌子，就會找上採購部經理查明真相；如果看到「待人」的牌子，就會找人事部經理或相關部門經理追究為何無法招募足夠的人員、為何人員無法適當調度；如果看到「待訂單」的牌子，可能就要奔回總公司找業務部經理算帳了。

4. 內容易於遵守、執行

為了使物流順暢以及促進人員、物品的安全起見，在地面上畫三種區域線，亦即為物品放置區的「白線」、安全走道的「黃線」、消防器材或配電盤前面物品禁放區的「紅線」，這些標準不管是誰，都能遵守，而且不管是管理者或監督者，都能依物品放置的實況，判定是否正常，如果是異常的話，立刻能對當事人發出指示，並加以矯正。

(實例)

※日程管理板運用規則

1. 目的

通過日程管理板的運用，利用目視化管理確保生產日程計劃的達成及進度的掌控，以滿足客戶要求的交期。

2. 適用範圍

本公司生產計劃及制程管制人員

3. 填寫說明

項目	序號	填寫步驟	責任人	時間	備註
製作計劃	1	登錄機種別生產計劃	制程管制者	簽收生產計劃表時	依生產計劃表、作業圖面填寫
	2	準備製造磁片（記入機種工程名稱、數量、交期）	制程管制者	月初及隨時追加	依機種別生產計劃
	3	填入製作日程計劃	制程管制者	生產開始前	日程管理板上
記入實績	4	查檢生產進度情況	制程管制者	3 次/日	根據現場巡視
	5	記入生產實績及移動磁鐵片	制程管制者	巡視後	日程管理板上
計劃變更	6	交期修正移動磁片		每次變更時聯絡領班	根據聯絡單召集會議
	7	工程變更（圖面內容）	領班	步驟 6 後立即變更	
	8	制程日程計劃變更	制程管制者	步驟 6 後立即變更	日程管理板上

(四)管理圖表

1.管理圖表的作用

管理圖表是管理者、監督者最常用的管理工具，它可以一目了然地傳達進步或退步、水準如何、正確與否等資訊。使管理者明確掌握自己所負責業務的目標、計劃與實績，借此正確掌握異常與問題點，縮短理解的時間，有能力迅速採取適當的對策。管理圖表以工作現場(含製造與事務)的 P(產量)、Q(品質)、C(成本)、D(交期)、S(安全)、M(士氣)等六大活動項目為對象。

P：目標與實績之間差異的明確化

Q：異常、問題點的顯在化

C：顯現現場三不(不節省、不合理、不均一)

D：排程進度狀況(落後或超前)的明確化

S：事故件數、災害狀況警覺化

M：現場各種改善活動(QCC、提案制度)的活潑化

在目標與實績之間有差異時，這時唯有將資料化的報表轉為視覺化的「管理圖表」，才能發現其間的變化有多大、趨勢如何、水準如何，以便掌握有多少改善空間、如何去進行，並預測今後的進行方向，而成為事務管理的有效工具。

2.管理圖表的項目

製造現場主要目標在於降低半成品、成品、備品等庫存及縮短前置時間，亦即借現場促進活動的展開，以謀求工廠在根本上的體質改善，最終實現成本降低及利益增加。因此，管理圖表的主要項目如下(表 3-4 至表 3-9)：

表 3-4　各部門目視管理項目與內容（一）

項目／部門	交期管理　排程管理
製造	・小排程計劃、負荷計劃、差異 ・進度狀況（落後、超前情形及其原因、處置對策）
生產技術、設備、工業工程	・流程計劃（設定制程步驟、使用機械、治工具人員、生產批、基準日程、標準時間等） ・進度狀況（落後、超前情形及其原因、處置對策）
設計	・排程計劃、負荷計劃 ・進度狀況（落後、超前情形及原因、處置對策）
生產管理	・生產計劃、排程計劃（大排程、中排程） ・訂單交期 ・進度達成狀況（落後、超前情形及其原因、處置對策）
物料採購	・訂購、入庫計劃 ・交貨狀況（落後、超前情形及其原因、處置對策） ・尤其是誤期物品之交貨預定日

表 3-5　各部門目視管理項目與內容（二）

項目／部門	品质管理
製造	・不良發生狀況（件數、處置對策） ・制程內檢查基準及檢查結果 ・不良處理準則
設計	・設計引起不良、抱怨發生狀況件數、原因、處置對策） ・設計失誤發生狀況（件數、原因、處置對策）
物料採購	・外協對象採購對象不良發生狀況（件數、原因、處置對策）
品質管理	・不良發生狀況（件數、原因、處置對策） ・品質保證體系 ・驗收、完成品檢查基準及檢查結果

表 3-6　各部門目視管理項目與內容（三）

項目／部門	作業管理
製造	・標準作業、作業標準、標準時間 ・異常、不對勁的發生狀況人員配置狀況 ・多能工實施狀況
設計	・設計變更發生狀況（件數、原因、處置對策） ・圖面變更、提前安排出圖等準則

表 3-7　各部門目視管理項目與內容（四）

部門＼項目	現場管理
製造	· 現物地點、履歷、使用日等 · 庫存量（過多、正常、缺貨）滯存品、不需品 · 不良品
設計	· 設計所引起滯存品、不需品發生狀況、利用狀況
物料採購	· 現物地點履歷、使用日等 · 庫存量（過多、正常、缺貨）

表 3-8　各部門目視管理項目與內容（五）

部門＼項目	工具管理　設備管理
製造	· 機械短暫停機、故障發生狀況（次數、時間、原因、處置對策） · 治工具地點
設計	· 設備管理及保養

表 3-9　各部門目視管理項目與內容（六）

部門＼項目	改善目標管理
製造	‧ 排程計劃達成狀況 ‧ 半成品降低庫存狀況 ‧ 小批量生產實施狀況 ‧ 前置作業縮短狀況 ‧ 空間利用狀裝飾品 ‧ 前置時間縮短狀況 ‧ 不良降低狀況
生產技術、設備、工業工程	‧ 為實現前置時間縮短之改善實施狀況（尤其是物品系統改善） ‧ 降低設備故障率 ‧ 減少設備修配費用
設計	‧ 排程計劃達成狀況 ‧ 設計前置時間縮短狀況 ‧ 不良、抱怨降低狀況 ‧ 設計失誤降低狀況 ‧ 各種改善實施狀況
生產管理	‧ 生產計劃、大排程、中排程計劃達成狀況 ‧ 訂單交期達成狀況 ‧ 成品、半成品庫存降低狀況 ‧ 前置時間縮短狀況 ‧ 各種改善實施狀況
物料採購	‧ 訂購交期達成狀況 ‧ 材料、配件庫存狀況 ‧ 前置時間縮短狀況 ‧ 小批量分割入庫實施狀況 ‧ 各種改善實施狀況
品質管理	‧ 不良降低狀況 ‧ 良品率提高狀況

①排程與交期管理

②品質管理

③作業管理

④現物管理

⑤設備或治工具管理

⑥改善目標管理

3.管理圖表的內容

①決定管理的主要項目

· 業績管理(管理各工作場所的主要工作成果)

· 進度管理(管理各工作項目的進度狀況)

· 行動管理(管理各工作場所或個人的動態)

· 技能管理(管理各工作場所有關個人技能、知識的提升)。

②決定管理的細項目

首先決定管理圖表的目的,然後再選定難以掌握或頻繁發生問題的工作項目。

· 容易延誤的工作項目

· 狀況不明的工作項目

· 總是慢半拍才發現問題的工作項目

· 經常發生事後管理的工作項目

· 如果不向相關人員逐一查詢,就弄不清楚的工作項目。

③決定管理的範圍

· 全公司或全廠(如營業額推移圖)

· 各部門(諸如良品率或產量推移圖)

· 各課或各班(諸如不良率推移圖、改善目標達成狀況推移圖)

④個人(諸如產量、品質、改善提案等排行榜等)

⑤部門與個人並用(諸如技能地圖、提案件數推移圖)

⑥各現物(產品、制單編號等)

⑦各現物與個人並用

4.管理週期

諸如每日、每週、每月、每季等，決定管理週期時，必須考慮時效性並進行預防管理。

5.管理圖表的使用規則

同日程管理板一樣，管理圖表也要確立明確的使用方法。否則，設計再合理的管理圖表也無從發揮預期的作用。

目視管理圖表的使用規則編制原則，必須明確有關事項如下：

(1)管理目的(Why)；

(2)責任人員(Who)；

(3)管理對象(What)；

(4)週期(When)；

(5)場所(Where)；

(6)使用方法(How)；

亦即具體考慮重點如下：

(1)明確目的所在；

(2)由誰管理、填寫；

(3)決定管理時機及週期：

(4)決定填寫的項目、內容；

(5)用不同色別描述；

(6)填寫時所依據的資料；

(7)如須計算時，要確定計算公式；

(8)把握問題點，並舉行會議進行協調及檢討對策與實績；

表 3-10 某公司管理圖表運用說明

所選定管理項目		適用範圍	管理週期	運用準則（原則 5W1H）
分類	管理項目			
業績管理	庫存降低管理	全廠	1 次/月	1. 目的：產品、半成品材料、配件庫存降低將以往數值化管理的庫存量，轉為圖表化管理，促進庫存削減意識的提升及積極推進削減活動（各工作場所都要進行同樣管理） 2. 目標：年度目標線 3. 實績：月中、月初由生管課長填寫 4. 金額：單位為 200 萬 5. 顏色：目標→紅色 實績→黑色 6. 資料依據：月中→帳面庫存量 月末→實際盤存量 7. 實績檢討會：①月中（20 日左右）、月初每一週週五。②檢討會成員→工廠各課課長 8. 管理責任者：生管課長
排程管理	訂單別進度管理	訂單別	1 次/月	
行動管理	月度生產計劃管理	全廠	1 次/月	1. 目的：有關全廠的生產計劃，事先由生管課讓任何人都能清楚 2. 填寫：上月底 3. 使用管理看板 4. 管理責任者：生產計劃主管

⑼如有異常狀況發生，可以很容易發覺；

⑽能評估所採取的對策是否有效；

⑾明確管理責任者；

⑿確立維持方式；

6.管理圖表實例

①士氣激勵活動

通常顯示部門士氣高低的管理指標有出勤率、提案件數、品管圈圈數等，因此，舉出數項代表性的管理看板或圖表如下：

· 提案活動實績圖

圖中包括個人、全組的目標值與實績值，並利用顏色圖形紙標籤，以表達提案的屬性為安全(黃)、品質(紅)、技術(綠)，可說是內涵豐富。

· 技能地圖(Skill Map)

表達組員在各制程的技能水準，組長列出現在本組人員的水準，以及半年後本組人員技能水準的提升目標，可說是一目了然。

②制程管理

· 作業進度管理(表 3-11)

如表 3-11 所示，用於當天的標準計劃，以管理作業進度的狀況。

表 3-11　作業進度管理

時間	計劃	實績	差異	問題點
8：00～9：00				
9：00～10：00				
10：00～11：00				
11：00～12：00				
2：00～3：00				

原則上適用於反覆生產的產品，匯總一日以上的批量，並對其實施進度管理。每隔一定時間，查核生產實績數，如果比計劃落後，再盡速採取行動，以達成一日的計劃量。記入計劃數、實績數、差異，同時亦記入差異理由與問題點。

· 人員配置管理

用於工作場所或生產線的人員配置。另外，亦可用於作業者的作業指示。

由看板上可清楚瞭解人員的動態，例如請假、外出、借調(含地點)等。同時借此掌握人員的過剩或不足，發生不足情況時，迅速採取對策；發生人力過剩情況時，就要活用人力，適當調度。

③設備管理活動

通過全面生產保養(TPM)活動，以消除因「故障」、「前置作業調整」、「短暫停機或空轉」、「速度降低」、「不良或修理」、「開機」等所引起的六大損失。整合「事後保養(BM)」、「預防保養(PM)」、「改良保養(CM)」、「保養預防(MP)」等四大保養手段，以提高平均故障間隔時間(MTBF)、降低平均修復時間(MTTR)，借此提高設備稼動率，並減少不良品的產生。亦即，提高整體的「設備綜合效率」，提高時間稼動率、性能稼動率，以及產品的良品率。茲列舉數項管理看板、標示範例如下：

④品質管理活動

· 品管七手法

為了管理、改善品質，通常活用柏拉圖、特性要因圖、圖表、查核表、直方圖、管制圖、散佈圖等。

· 提高品質水準

品質抱怨件數統計圖，有關部門據此全員進行要因分析，採取有效對策，終於抱怨件數銳減。

⑤改善目標管理

· 提案制度；

· 品管圈活動；

· 產品不良降低活動推移。

七、目視管理實施水準

儘管制定了目視管理用具使用規則，如果不能將其靈活運用，也無法發揮目視管理的作用。尤其是當管理者、督導者的問題意識或管理、督導能力偏低時，即使根據目視管理工具發現異常，也無法立即解決問題且轉動管理循環(PDCA)。這樣目視管理工具很容易喪失其應有的作用。因此，對於管理者、督導者充分實施「何謂目視管理、為何要實施、管理者及督導者的職責、管理循環與改善循環的轉動方法」等教育指導，讓他們都能充分理解。尤其要讓管理者及督導者充分理解目視管理的精髓所在，這是非常重要的。

目視管理的精髓就是一面轉動管理循環，一面實施日常的維持管理，同時將改善循環與改善活動相結合，謀求管理水準與改善水準的提升。

利用目視管理進行壓力計、溫度計等儀錶的條件設定管理，通過不斷的改善，做到不用說明的情況下，讓全員瞭解異常狀況，促進改善作業最終達到最佳水準的程度。也就是說，通過目視管理的實施，使有關的人尤其是管理者與監督者，不管是誰都能發現異常、浪費、問題點，同時有能力採取因應對策。這是目視管理的高級水準。

八、目視管理活動評鑒

◎設定管理指標

工廠開展某項活動時，必須制定評價活動實績或成果的管理指標，作為生產或事務現場的行動基準。這樣管理者便可通過管理指標設定的目標，積極地指導部屬達成部門的目標。

設定管理指標時，必須遵循以下原則：

1.必須與公司經營方針相一致

管理指標必須將經營階層的基本方針，轉化為具體而明確的項目，借此設定挑戰性的目標。

2.管理指標應具體化

如果公司年度的經營方針為「降低成本、提高市場競爭力」，那麼生產部經理就要提出「××類產品降低單位耗用量 10%」，生產課長就要提出「△△產品降低廢料率 20%、○○產品降低不良率 15%」；亦即，依據自己部門的現況、問題點、水準，分別列出各類或各種產品的降低成本的指標，並設定具體的目標值。

3.管理項目要明確

以工作現場的 PQCDSM 等六大活動項目為對象，個別設定管理指標。例如，在安全方面，主要管理指標為每月公傷件數、每月潛在傷害預防件數、零傷害小時等，以作為設定目標值的單位。

依據公司方針，以管理指標作為評定基準，設定挑戰性目標，並畫成目標曲線。然後將活動中的實績亦畫成實績曲線，管理者可對照二者間的差異，找出問題及浪費所在，並採取必要的對策，如此一來，自然而然地成為目視的「管理圖表」。

◎查核表的設計、製作

(一)查核表的重要性

任何現場促進活動，諸如QCC、TQC、TPM、5S、安全活動、目視管理活動等，為了評價活動成果或維持已有成果都需經常使用查核表。

如果查核表設計不當，未掌握查核項目的關鍵點，或者項目過多、手段或方法不當、各項目的評比不當、查檢週期過於頻繁或太鬆、判斷基準不明確等，將使查核人員無法客觀地評價，不但不能激發參與者的信心，相反會導致他們產生挫折感。如此一來，活動可能難以進展；即使強力推動，由於查核表未能抓到重點，將導致活動推行流於形式，養成敷衍了事的壞習慣，當然談不上遵守或維持。因此，在設計查核表時要充分考慮以下方面：

1. 明確問題點及改善著眼點。在開始目視管理活動之前，必須掌握工作場所的問題點，並依據其水準，具體列出目視管理的推行項目，同時按優先順序、分期分段的原則，設計具體可行的評核表或查核表。以檢討、確認有關活動項目是否實施及做到一目了然。

2. 展開目視管理活動之際，評審人員必須借助查核表定期赴工作場所進行評價，以測定各階段的實施狀況與程度，同時指出其優缺點，以利受評者努力維持優點，並設法改善缺點，靈活運作管理循環(PDCA)，提高目視管理的水準。

3. 為了使目視管理活動活潑化，除了評價實施狀況之外，還要舉行發表會，讓經營階層體會目視管理活動所有參與者的成果，最後舉行表揚大會，給予優勝單位應得的肯定，為了公平、公正、公開起見，要通過合理的查核表實現。

(二)查核表的設計方法

1. 決定管理查核項目

依生產現場及事務現場特點決定其查核項目。

2. 決定評核的層次

①滿分為 10 分時，則：

優：10 分表示非常好、非常清楚；

佳：7—9 分表示好、清楚；

良：4—6 分表示普通、還算清楚；

劣：1—3 分表示差、不清楚。

②滿分為 20 分時，則：

優：20 分表示非常好、非常清楚；

佳：16 分表示好、清楚；

良：8 分表示普通、還算清楚；

劣：0 分表示差、不清楚。

(三)查核表範例

1. 作業現場查核表；
2. 自主保養示範機台查核表；
3. 模範辦公室 5S 查核表；
4. 生產單位現物管理評分統計表；
5. 事務部門現物管理評分統計表；

表 3-12　目視管理查檢表

查核項目		很瞭解10分	瞭解8分	還好6分	不太瞭解4分	不瞭解2分	手段、方法
整理整頓	①是否瞭解吸煙場所？						設置吸煙場所
	②是否瞭解通路、作業現場在製品放置場？						明示、標示通路、作業現場在製品放置場
	③是否瞭解有無不要品？						設置不要品放置場
日程計劃與進度管理	①是否瞭解對日程而言進度有無落後？						日程計劃進度表
	②是否瞭解目前的生產實績？						作業進度管理板、數位標示板
	③是否瞭解今天的計劃進度情況？						作業進度管理板、數位標示板
	④是否瞭解明日的計劃？						作業進度標示板

續表

交期管理外包採購	①是否瞭解與計劃比較有無延誤？					作業進度標示板
	②是否瞭解缺貨情況？					交期管理板
品質管理	①是否瞭解批檢驗結果？					檢驗成績聘
	②是否瞭解昨天的不良數、不良率？					不良圖表
	③是否瞭解以前月別不良金額、不良率？					不良圖表
	④是否瞭解不良項目及要因？					特性要因圖、柏拉圖
	⑤是否瞭解目前有多少不良品？					設置不良品放置場
現品管理	①是否瞭解在那里有多少、什麼材料、零件、在製品					放置場的明確化、品名的記入、顏色區分
	②是否瞭解在那里有多少、什麼產品？					同上

續表

現品管理	③是否瞭解材料、零件、在製品庫存是否過大、正常或缺貨狀況？						看板的標示
作業管理	①是否瞭解有無按標準作業進行作業？						作業標準書
	②是否瞭解作業、制程、機械設備之異常及不良的發生情況？						看板的標示、設置呼叫燈、標示燈
	③是否瞭解標準工時？						作業標準書
人員管理	①是否瞭解生產線的人員配置？						人員配置表
	②是否瞭解缺勤人員？						人員配置表
	③是否瞭解人員的過與不足？						人員配置表
	④是否瞭解外出地點、支援地點？						人員配置表
設備、工具管理	①是否瞭解工具、測定器具在那里，有多少？						放置場所的明確化
	②是否瞭解工具、測定器具的保全狀況？						查檢表
	③是否瞭解設備的保全狀況？						查檢表
問題點、改善著眼點等							
改善實施日期：							

考察：＿＿＿＿＿＿　合計：＿＿＿＿＿＿　平均：＿＿＿＿

表 3-13　自主保養示範機台查核表

受評單位			查核日期	年　月　日				
設備名稱			查核者					
項　目		查核重點		評　分				
				10	8	6	4	2
整理	1	作業台、機械及週圍有無不需品或私人物品						
	2	工具配件、計測器是否設置保管場所並妥善保管						
	3	消防器材與配電盤前是否放置其他物品						
整頓	4	主要通道或放置場所之區域線是否明確						
	5	物品是否放在規定場所，放置方法是否雜亂						
清掃	6	設備是否有油漆剝落或生銹、油污、積塵等狀況						
	7	名牌、標示卡、公告物是否髒亂、破損						
	8	儀錶、計測器是否正確（常）、清楚						
	9	有無加油部位示意圖						
	10	有無清掃、加油、點檢查核表，是否確實執行						
	11	地面上有無洩漏現象（油、水、蒸汽）						
	12	工具、模具、有無油污、生銹、受損						
完備	13	緊急停止裝置（LS、開關等）的功能是否正常						
	14	安全裝置（機械連鎖、電氣連鎖）的功能是否正常						

續表

完備	15	有無臨時措施					
	16	產品輸送槽有無磨損、變形等異狀					
	17	計尺器（計數器）是否有磨損、變形等異狀					
素養	18	嚴守事項是否標準化、巧思目視管理工具					
	19	是否規定抽煙場所					
	20	是否完備維持體系，以落實 5S					
評語							

表 3-14　模範辦公室（5S）查核表

受評單位		年　月　日				
		查核者				
項　目		評　　分				
整體形象	1. 有無配置圖？整體配置是否清爽？	10	8	6	4	2
	2. 有無管理室溫(冷氣 28℃以上)、照明？	5	4	3	2	1
	3. 各種電線類的配線、配管是否雜亂、露出(漏電)、積塵、油污？	10	8	6	4	2

續表

整體形象	4. 張貼物(公告、海報、標語等)有無核准張貼章及張貼期限？是否破損、脫落、油污？	5	4	3	2	1
	5. 地面、牆壁、天花板、窗戶、辦公用具是否有清掃？有無不需要的配線、配管、不需品？	5	4	3	2	1
	6. 辦公室或公共場所有無值日表或管理責任者及查核表？	10	8	6	4	2
	7. 是否明確標示緊急出口、滅火器等方向、位置？週圍是否放置物品？	5	4	3	2	1
桌子及週邊	8. 桌子上下及桌邊有無不需品？	5	4	3	2	1
	9. 桌子及玻璃墊板之間有無不需品？	5	4	3	2	1
	10. 桌子上的煙灰缸是否存滿煙灰？	5	4	3	2	1
	11. 空位時、下班時櫃子是否收進桌子下面？檔是否散亂地放在桌上或椅子上？	10	8	6	4	2
櫃子架子	12. 櫃子、架子有無管理責任者？	5	4	3	2	1
	13. 有無文件一覽表(含項次、編號、名稱、放置場所、負責人)？	10	8	6	4	2
	14. 有無明確標示「緊急狀況時取出文件」？	5	4	3	2	1

續表

辦公用具	15. 取出 OA 機器操作手冊或資訊媒體容易否？	5	4	3	2	1
	16. 是否充分管理 OA 機器等	5	4	3	2	1
努力度創意度	17. 是否謀求文件共有化？					
	18. 是否實施業務速度的提高？(3件以上滿分)	5	4	3	2	1
	19. 是否謀求例行業務的標準化(3件以上滿分)	10	8	4	0	0
	20. 是否清楚部門之改善項目、目標值，及達成狀況？	20	16	8	0	0

表 3-15　現場管理評分統計表（生產單位）

受評單位：＿＿＿＿＿＿　　評核日期：＿＿＿＿＿＿

水準 / 得分 / 評分項目	優	佳			良			劣		
	10	9	8	7	6	5	4	3	2	1
1. 是否明確嚴守區域線。										
2. 櫃子、架子、置物區標示是否清楚。										
3. 架子、櫃子、置物區物品是否和標示相符且分層別放置。										

續表

<table>
<tr><td colspan="2">4.移動器具（堆高機、拖車手推車）有無定位及標示。</td><td></td><td></td><td></td><td></td><td></td><td></td><td></td><td></td><td></td><td></td></tr>
<tr><td colspan="2">5.檔案（含工令）建立及管理情形（辦公室及工作站）。</td><td></td><td></td><td></td><td></td><td></td><td></td><td></td><td></td><td></td><td></td></tr>
<tr><td rowspan="2">有無異物、污垢、灰塵、生銹</td><td>1.加油口、加油嘴、加油機、加油器、加油桶。</td><td></td><td></td><td></td><td></td><td></td><td></td><td></td><td></td><td></td><td></td></tr>
<tr><td>2.各類儀錶及計量器（含指針與液晶式）。</td><td></td><td></td><td></td><td></td><td></td><td></td><td></td><td></td><td></td><td></td></tr>
<tr><td colspan="2">洩漏現象（油、氣）檢出及處理方法。</td><td></td><td></td><td></td><td></td><td></td><td></td><td></td><td></td><td></td><td></td></tr>
<tr><td colspan="2">小物品定位創意度（工具、模具、茶杯、掃帚、膠帶等）</td><td></td><td></td><td></td><td></td><td></td><td></td><td></td><td></td><td></td><td></td></tr>
<tr><td colspan="2">有無階段活動策劃表</td><td>有</td><td></td><td></td><td></td><td></td><td></td><td></td><td></td><td></td><td>無</td></tr>
<tr><td>評語與建議</td><td colspan="11">合計
請至少提列 2 點　評核人：</td></tr>
</table>

◎活動評鑑辦法

(實例)

※ 某公司目視管理活動評鑑辦法

1. 目的

為持續推進目視管理活動，強化及維持公司目視管理活動成果，合理地評判活動的成效，特製訂本辦法：

2. 適用範圍本公司各部門

3. 評鑑人員構成(共六人)

· 評鑑小組長兼召集人另加組員一人(組員輪流)。

· 推行委員會幹部一人(各幹部輪流)。

· 製造部門執行委員二人。

· 間接部門執行委員一人。

4. 評鑑流程

· 評鑑小組長排定各單位活動之「評鑑人員名單及評鑑日期」。

· 評鑑當日評鑑小組長備妥「查檢表」，並利用約 20 鍾時間與評鑑人員取得共識。

· 評鑑後當天計算成績，並列出名次。

· 中間評鑑不作平衡與調整，以得分作為排名依據。

· 最終評鑑後在三天內召集推行委員會幹部會議，進行部分平衡與調整，再依此決定排行榜名次，經主任委員簽核公佈。

· 幹部會議次日公佈排行榜，並以「公司目視管理活動推行委員會」之名義公佈。(注意：不公佈成績)

· 一週內以書面通知各單位優缺點。(附件一)

· 最終成績的優勝單位由廣宣小組設計並張貼海報祝賀。

· 頒獎由主任委員親自頒獎或委託執行長代為頒發。

5. 評鑒要點

· 評鑒人員依評分表評鑒，並記下優缺點，同時當場告知該責任區執行委員。

· 評鑒人員進行評鑒時要注意做到客觀、公平、嚴謹。

· 評鑒人員要特別觀察各責任區之創意做法，以便推廣至其他責任區，而有助於全公司作業水準之提升。

· 排行榜在公佈之前所召開之名次調整會議，與會人員對其敏感細節應保密。

· 評審結果若有相同名次時可採取下列任一對策；

①相同評審人員次日再進行一次評審。

②委託另外兩位推行委員會幹部於次日再評審。

（附件一）

表 3-16　評審結果報告書

責任區：		評審：　　　年　　月　　日
評審結果	平均：　　　分	Max　　　　Min
摘要事項：（記載優良及待改善之事項）		

評議組簽名：________

第4章 定置管理的內容

一、定置管理的內容

定置管理是以現場管理為主要對象，分析人、物、場所的狀況，以及它們之間的關係，並透過整理、整頓、改善生產現場條件，促進人、機器、原材料、制度、環境有機結合的一種方法。例如，每個物品都給它規定好位置，並畫上線，就不會放錯了。

定置管理起源於日本，由日本青木能率（工業工程）研究所的艾明生產創導者青木龜男先生始創。他從 20 世紀 50 年代開始，根據日本企業生產現場管理實踐，經過潛心鑽研，提出了定置管理這一新的概念，後來又由日本企業管理專家清水千里先生在應用的基礎上，發展了定置管理，把定置管理總結和提煉成為一種科學的管理方法，並於 1982 年出版了《定置管理入門》一書。以後，這一科學方法在日本得到推廣應用，都取得了明顯的效果。

定置管理的內容較為複雜，在工廠中可粗略地分為工廠區域定置、生產現場定置和工作現場定置等。

1. 工廠區域的定置

工廠區域的定置管理，包括生產區和生活區。

⑴生活區定置

生活區定置包括道路建設、福利設施、園林修造、環境美化等。

⑵生產區

生產區包括總廠、分廠(工廠)、庫房定置。

· 生產區總廠定置包括分廠、工廠界線劃分，大件報廢物擺放，改造廠房的拆除物臨時存放，垃圾區、車輛存停等。

· 分廠(工廠)定置包括工段、工位、機器設備、工作台、工具箱、更衣箱等。

· 庫房定置包括貨架、箱櫃、儲存容器等。

2. 生產現場的定置管理

⑴區域的定置

① A 類區：放置 A 類物品。如在用的工、卡、量、輔具，正在加工、交檢的產品，正在裝配的零件。

② B 類區：放置 B 類物品。如重覆上場的工裝、輔具、運輸工具，計劃內投料毛坯，待週轉的半成品，待裝配的外配套件及代保管的工裝，封存設備，工廠待管入庫件，待料，臨時停滯料等。

③ C 類區：放置 C 類物品。如廢品、垃圾、料頭、廢料等。

⑵設備的定置

①根據設備管理要求，對設備劃分類型(精密、大型、稀有、關鍵、重點等設備)分類管理。

②自製設備、專用工裝經驗證合格交設備部門管理。

③按照技術流程，將設備合理定置。

④對設備附件、備件、易損件、工裝，合理定置，加強管理。

⑶作業人員的定置

①人員實行機台(工序)定位。

②某台設備、某工序缺員時，調整機台操作者的原則是保證生產不間斷。

③培養多面手，一專多能。

⑷品質檢查現場的定置

①檢查現場一般劃分：

· 合格品區。

· 待檢區。

· 返修品區。

· 廢品區。

· 待處理品區。

②區域分類標記：

可用字母符號 A、B、C 表示；也可用紅、黃、藍等顏色表示或直接用中文表示。

⑸品質控制點的定置

品質控制點定置即把影響工序品質的各要素有機地結合成一體，並落實到各項具體工作中去，做到事事有人負責。

①操作人員定置(定崗)。

②操作人員技術水準必須具備崗位技術素質的要求。

③操作人員應會運用全面品質管理方法。

表 4-1　物品要與不要品判斷基準

<table>
<tr><th>真正需要</th><th colspan="2">確實不要</th></tr>
<tr><td rowspan="4">1. 正常的機器設備、電氣裝置
2. 工作台、板凳、材料架
3. 台車、推車、拖車、堆高機
4. 正常使用的工裝夾具
5. 尚有使用價值的消耗用品
6. 原材料、半成品、成品和樣本
7. 棧板、圖框、防塵用具
8. 辦公用品、文具
9. 使用中的清潔工具、用品
10. 各種使用中的海報、看板
11. 有用的文件資料、表單記錄、書報雜誌
12. 其他必要的私人用品</td><td>地板上</td><td>1. 廢紙、雜物、油污、灰塵、煙蒂
2. 不能或不再使用的機器設備、工裝夾具
3. 不再使用的辦公用品
4. 破爛的棧板、圖框、塑膠箱、紙箱、垃圾桶
5. 呆料、滯料和過期品</td></tr>
<tr><td>工作台和架子上</td><td>1. 過時的文件資料、表單記錄、書報、雜誌
2. 多餘的材料
3. 損壞的工具、樣品
4. 私人用品、破壓台玻璃、破椅墊</td></tr>
<tr><td>牆壁上</td><td>1. 蜘蛛網
2. 過期和老舊的海報、看板
3. 破爛的信箱、意見箱、指示牌
4. 過時的掛曆、損壞的時鐘、沒用的掛釘</td></tr>
<tr><td>天花板上</td><td>1. 不再使用的各種管線
2. 不再使用的吊扇、掛具
3. 老舊無效的指導書、工裝圖</td></tr>
</table>

(6)其他

①工件的定置管理。

②工具箱及箱內物品的定置管理。

③運輸工具、吊具的定置管理。

④安全設施的定置管理。

3.辦公室的定置

(1)設計各類文件資料流程。

(2)辦公桌及桌內物品定置。

(3)文件資料櫃及櫃內資料定置。

(4)衛生生活用品定置。

(5)急辦文件、信息特殊定置。

(6)座椅定置表示主人去向。

二、定置管理的實施步驟

定置實施是定置管理工作的重點。包括以下三個步驟：

1.清除與生產無關之物(整理)

生產現場中凡與生產無關的物品，都要清除乾淨。可制定物品要與不要品判斷基準(如表 2-3 所示)。

2.按定置圖實施定置

各工廠、部門都應按照定置圖的要求，將生產現場的設備、器具等物品進行分類、搬、轉、調整並予定位。定置的物要與圖相符，位置要正確，擺放要整齊，儲存要有器具。

3.放置標準信息名牌

放置標準信息名牌要做到牌、物、圖相符，設專人管理，不得隨意挪動。要以醒目和不妨礙生產操作為原則。

三、廠區的定置要點

1.廠區配置要點

整個廠區佈置可分為幾個區：

(1)員工生活區

如宿舍、食堂、休閒場所。

宿舍若能獨立於廠區以外，當然最理想，若設在廠區內，整個員工生活區應盡可能配置在比較獨立的地方，人員出入的門禁管理也應避免在工廠作業區內。

(2)停車場

企業內員工及訪客停車場(分自行車、摩托車、小汽車、大卡車等區）。

(3)綠化區

適當的綠化不只美化環境，對員工的情緒也具有調節作用。

(4)廠區通道

應考慮貨物及機器設備進出的方便、順暢。

(5)辦公行政區

指企業內行政部門及行政人員工作的區域。辦公行政區因內外部的往來接洽較多，應盡可能設在廠區的前端，可避免沒必要的人員到工廠作業區內。

⑹工廠作業區

工廠作業區通常又可分為：

①廠內行政區。指廠內管理人員的辦公區域。

②倉儲區。指物料倉、成品倉、工具設備倉。

③生產區。指實際生產的工作區。

2.廠內定置操作要項

工廠既然是透過人、機、料加上必要的場所將物料加工成為產品，那就要考慮如何以最有秩序、最快速、最低的成本來生產產品，在做工廠佈置前就得注意下列事項：

⑴產品制程分析

廠房是生產產品的場所，在產品的生產過程中需要使用工程流程圖來進行分析，才能掌握更準確的使用空間及配置地點，以減少人員及物料在廠內不必要的流動。

①將產品的制程分成多個工序，並畫成程序圖，然後再研究各工序是否有必要予以消除、合併或簡化。

②確定好的流程圖應考慮使用那些機器設備。

③確定那些工序需要那些物料，物料供應的方式。

④設定每個工序的標準產能(標準工時)。

⑤經制定的標準產能即可計算出所需人力的多少及場所使用的大小。

⑥隨著訂單的增加，依生產量的大小來計算人力負荷、機器負荷及場所負荷，就可得知，各工序所需的場所大小。

⑵廠內佈置分區

任何生產部門均要考慮：

①行政區。部門主管及助理人員辦公區。

②通道。主通道寬 2 米左右，副通道寬 1.5 米左右。

③物料及完成品週轉區。約能放置一天生產用量的物料及完成品。

④作業區。應整齊配置。

⑤工具間。

⑶單機作業與流水線配置

流水線就是透過某種形式將很多個各自獨立的個體，有機地聯繫在一起，並使其彼此關聯、彼此制約、統一頻率、統一速度，達到高效勻速生產、品質穩定的作業流程。流水線的配置可借輸送帶的傳送而不再使材料及完成品佔用空間，從而使廠房的空間大大地增加利用價值。

表 4-2　工廠標示和定位方法

項目對象	標示	畫線定位
1. 通道	畫線	儘量避免彎角 左右視線不佳的通道交叉處儘量予以避免
2. 設備	設備名稱及使用或操作說明予以標示 危險處所應標示「危險」	不會移動的設備：不要畫線 會移動設備：要畫線
3. 成品	放置物、數量、累積數等予以明示 固定位置：品名、編號予以明示 自由位置：位置號予以明示 應設立位置管理板	所定的放置方法（搬運台、台車……）每一區域予以畫線
4. 在製品、半成品		

續表

5.零件		
6.模(治)具	治具應注意名稱	模(治)具放置場所予以明示
7.工具	按用途別予以區分；例如：日常作業、換線用、修理用 作業台、機械、設備、模具、工具以油漆或膠帶予以顏色區分 尺寸大小不同者應予以明示	工具車、工具箱等按單位別予以畫線
8.不良品、整修品	不良品──標示 整修品──標示	
9.搬運具(堆高車、拖板車)	堆高車的司機姓名應明示於車上	每台予以畫線
10.搬運台車	放置品應予以明示 放置品名、台車停置場應將品名、編號、最大台車數予以明示 台車應將其高度限制予以明示	每台予以畫線 最大台車數應畫線予以限制
11.辦公台	將置放的物品編號、品名應予以明示 辦公台置放物的「配置一覽表」應予以明示	每一辦公台，予以畫線
12.下腳料	下腳料的材質應明示於容器	應予以畫線
13.物料、消耗性物料	油、稀釋劑等應明示「嚴禁煙火」 品名、規格、尺寸等應予以明示	
14.材料	材質、規格、尺寸等應予以明示	應予以畫線
15.清掃工具	使用場所及常備的清掃工具名稱、數量應予以明示	不必畫線
16.包裝材料	包裝材料名稱應予以明示	應予以畫線
17.文件、表單	賬票、檔案名稱應予以明示	

四、倉庫貨物編號的定置要點

貨位編號具有廣泛的用途。由於貨位按分類序列編號，知道了編號就知道了該物品的位置，存取方便。即使不是本庫專職人員，也能很快找到所指物品。保管人員和會計人員按出入庫單據的物品編號可準確記入實物賬和會計賬，可減少和消除賬物不符的現象。

貨位安排好之後，需要進行編號。編號應按下列原則進行：

①唯一原則。

唯一原則即庫存所有物品都有自己唯一的編號，號碼不能互相重覆。

②系列化原則。

編號要按物品分類的順序分段編排。物品的編號不是庫存所有物品的一般順序號，而是運用分類的分段順序號。編號的分段序列符合物品分類目錄的分段序列。

③實用性原則。

編號應儘量簡短，便於記憶和使用方便。

④通用性原則。

編號要考慮各方面的需要，使物品的編號既是貨位編號，又是儲備定額的物品編號，也是材料賬的帳號，也可以是電腦的物品代號。

第5章

顏色管理的內容

把色彩管理運用在「五常法則」活動中，要比運用在和實體的結合方面容易許多，只要看一兩個例子，一般人都可以自我揣摩、自我發展。

一、什麼是顏色管理

在倉庫的管理上，最理想的方式是替每一項物品找一個固定的家，有了這個家之後，我們要取用或歸位元都會很方便。

在目前這種款多量少的生產環境下，如果想要替每一種物料都找到一個固定的家，那就一定得準備一個非常大的空間來當倉庫，成本當然也會跟著水漲船高。

這種「大倉庫」的經營方式，在地小人稠的日本，似乎不太可行。

因此，迫於現狀，日本的工廠在倉庫的規劃上，大都是以充分運用空間的原則來存放原物料的。

為了搶空間，那麼對物品的放置，可能就不能太講究「一個蘿蔔一個坑」的放置方式了。既然無法做到定位，那麼，亂是在所難免的；而一旦混亂，找的狀況自然會增加許多，接著呆廢料就跟著來了，這對管理又是相當不利的。

要如何因應這種環境特色，而又能有效地做好倉庫管理呢？色彩管理不失為一個可以參考的好方法，成衣廠有著國內大多數成衣廠所面臨的共同困境——就是多種少量的訂單，再加上場地有限。所以，為了充分利用空間，倉庫內的規劃，就很難做到理論上所要求的定位。因此，為了減輕無定位可能帶來的困擾，他們將布匹的封口，用有顏色的 OPP 膠布來替代傳統的單色 OPP 膠布。如此一來，大家就能很輕鬆地掌握住各個布匹的內容，而減少出錯的機會及用於辨識所投入的時間。

顏色管理法是運用人們對顏色心理的反應與習性及分辨能力與聯想能力，將企業內的管理活動披上一層顏色外衣，使任何管理方法都利用紅、黃、藍、綠、白幾種顏色來管制，讓員工自然、直覺地和交通標誌燈相結合，達到每一個人對問題都有相同的認識和解釋。

企業只要把人、事、物、設備管理得當，企業運作上，大致就不會出大亂子了。

顏色管理法是一種非常理想的管理工具，是將單位內的管理活動和管理實物披上一層有顏色的外衣，使任何管理方法利用紅、黃、藍、綠四種顏色來管制，讓員工自然而然地將日常行為和遵守交通標誌燈相結合，以促成全員的共鳴和共行，從而達到管理的目的。

色彩管理的特點如下：

1. 利用人類天生對顏色的敏感。

2. 是用眼睛看得見的管理。

3. 分類層別管理。

4. 防呆措施。

5. 調和工作場所的氣氛，消除單調感。

6. 向高水準的工作職場目標挑戰。

色彩可謂是人類的第二種語言，在我們的日常生活中佔據著相當重要的角色。色彩往往能影響人們的情緒，優美的環境能使我們的居住和工作空間更加賞心悅目，會提高我們的工作幹勁和效率，使工作績效更加顯著。

二、色彩的標準化管理

色彩是現場管理中常用的一種視覺信號，目視管理要求科學、合理、巧妙地運用色彩，並實現統一的標準化管理，不允許隨意塗抹。這是因為色彩的運用受多種因素制約：

(1)技術因素

不同色彩有不同的物理指標，如波長、反射係數等。強光照射的設備，多塗成藍灰色，是因為其反射係數適度，不會過分刺激眼睛。而危險信號多用紅色，這既是傳統習慣，也是因其穿透力強，信號鮮明的緣故。

(2)心理因素

不同的色彩會給人以不同的重量感、空間感、冷暖感、軟硬感、清潔感等情感效應。例如，低溫工廠採用紅、橙、黃等暖色，使人感覺溫暖；而高溫工廠的塗色則應以淺藍、藍綠、白色等冷色為基調，可給人以清爽舒心之感。熱處理設備多用屬冷色的鉛灰色，能起到降低「心理溫度」的作用。

⑶生理因素

從生理上看，長時間受一種或幾種雜亂的顏色刺激，會產生視覺疲勞，因此，就要講究員工休息室的色彩。如）台煉廠員工休息室宜用冷色；而紡織廠員工休息室宜用暖色，這樣，有利於消除員工的職業疲勞。

⑷社會因素

不同國家、地區、民族，都有不同的色彩偏好，色彩包含著豐富的內涵，現場中凡是需要用到色彩的，都應有標準化的要求，企業應確定幾種標準顏色，並讓所有員工都清楚明白。

三、使用顏色的方法

1. 色彩優劣法

十字路口的交通標誌燈用紅、黃、綠三種顏色代表是否可通行，而在工廠，人們用綠、藍、黃、紅四種顏色來代表成績的好壞（綠>藍>黃>紅），其應用非常廣泛。

(1)生產管制：對生產進度達成的狀況，用不同的顏色來表示，綠燈表示準時交貨，藍燈表示延遲但已挽回，黃燈表示延遲一天以上但未滿兩天，紅燈表示延遲兩天以上。

(2)品質管制：根據不合格率的高低用顏色顯示。

(3)外協廠評估：綠燈表示「優」，藍燈表示「良」，黃燈表示「一般」，紅燈表示「差」。

(4)開發管理：根據新產品的開發進度與目標進度作比較，個別產品以不同燈色表示，以提醒研究開發人員注意工作進度。

(5)費用管理：把費用開支和預算標準作比較，用不同的顏色顯示其差異程度。

(6)開會管理：準時入會者為綠燈，遲到 5 分鐘以內者為藍燈，5 分鐘以上者為黃燈，無故未到者為紅燈。

(7)宿舍管理：每日將宿舍內務整理情況以不同顏色表示，以定獎懲。

2. 色彩層別法

該方法來自日本東京地鐵以不同顏色標示不同路線的靈感。

⑴紅色：表示停止、防火、危險、緊急。

⑵黃色：表示注意。

⑶藍色：表示誘導。

⑷綠色：表示安全、進行中、急救。

⑸白色：作為輔助色，用於文字箭頭記號。

(1)重要零件的管理。

每月進貨用不同的顏色標示，如 1 月、5 月、9 月進貨用「綠色」，2 月、6 月、10 月用「藍色」，3 月、7 月、11 月用「黃色」，4 月、8 月、12 月用「紅色」。根據不同顏色管制先進先出，並可調整安全存量及提醒解決呆滯品。

(2)油料管理。

各種潤滑油以不同顏色區分，以免誤用。

(3)管路管理。

各種管路漆以不同顏色，以作區分及搜尋保養。

(4)頭巾、帽子。

不同工種和職位分戴不同顏色的頭巾或帽子，易辨認及管制人員的頻繁走動。

(5)模具管理。

按不同的客戶分別漆以不同的顏色，以作區別。

(6)卷宗管理。

根據不同類別使用不同顏色的卷宗。

3.色彩心理法

該方法來自室內裝飾設計的靈感，用顏色美化室內環境，可使人產生心理上的獨特感覺。例如利用員工對顏色的偏好以瞭解其個性，利用顏色用於包裝及產品本身，以促進銷售，廠房的地面、牆壁、設備等漆以不同的顏色，以提高工作效率，減少傷害。

表 5-1 色彩管理法

方式	推行項目	內容	顏色代表			
			綠	藍	黃	紅
色彩優劣法	工業安全	每日安全狀況顯示	無傷害	輕微傷	輕傷	重傷
	生產管制	根據實際進度與生產計劃日程表，用顏色區分顯示，以作跟催工作（交貨、進料及制程進度管制）	按進度完工	延遲但已挽回	延遲一天以內	延遲一天以上
	品質管制	根據品質水準高低，以顏色區分顯示，促使有關人員改善及提升	合格率 95% 以上	合格率 90% ～ 94%	合格率 85% ～ 89%	合格率 85% 以下
色彩層別法	人員層別	利用帽子或頭巾作人員識別管理	科長級以上	材管員	技術員	品管員
	卷宗管理	根據卷宗的不同性質予以顏色區分，便於檢索及識別管理	績效統計分析	計劃辦法和規章	記錄和會議資料	規格標准和檢驗規範
	工作狀況板	對工作狀況予以顏色區分	進度正常	進度落後	待料	機器故障
	管路管理	以便區分查找及維護保養	空壓管路	水管	油管	電氣管路
色彩心理法	實質綠化	室內綠化、室外綠化	工作區	成品區	走道線	不良區
	精神	1.漫畫活動 2.觀摩會 3.播放影片 4.挑戰目標				

四、廠區的顏色識別管理

在實際工作中，容易出現在同一個時間段內相同或不同供應商送來多個批次或多個品種的原材料。在抽樣的作業過程中，也可能出現同時抽取多種原材料，如沒有區分好，很容易在企業內部出現混料，甚至合格品、不合格品和待檢品區分不清，到時也就無法判定了。因此可用標籤標誌來區分待檢品、不良品、合格品等，最好是貼上有顏色的標籤以示區分。

進行識別管理的範圍有：人員、物料、設備、作業方法、不合格品等。各種識別標誌其實就是一張小看板，表面上感覺很簡單，其實標誌也非常講究。因為工廠需要標示的物品、機器實在太多，如果標誌沒有統一的標準，時間長了會有一種讓人眼亂心煩的感覺。一定要在一開始就做好標誌的統一規定，不要等做完了以後才發現問題再重新來做，這樣會浪費很多的時間和金錢。

標誌會隨著時間的變遷而氧化或變化，字跡、顏色和粘貼的膠水等也會漸漸脫落，有時還會因某種原因在一個地方而標示多次。所以，要針對場所、位置、物品等選用不同材料，使之容易維護。

表 5-2　標誌常用的材料

材料	適用位置	效用	維護方法
紙類	普通物品，人或物挨碰觸摸機會少的地方	比較容易標示和方便隨時標示	在紙張上過一層膠，防止挨碰觸摸或清潔造成損壞
塑膠	場所區域的標誌	防潮、防水、易清潔	陽光的照射會使膠質硬化脆化、變色，儘量避免陽光照射
油漆	機械設備的危險警告和一些「小心有電」等位置	不容易脫落，時刻保持提醒作用，且易清潔	定期翻新保養
其他	用於一些化學物品和防火物(如：逃離火警的方向指示牌等)	防火和防腐蝕物	保持清潔

（一）人員識別

規模越大的公司，越需要進行人員識別，便於展開工作。例如生產現場中有工種、職務資格及熟練員工識別等幾種類型，一般透過衣帽顏色、肩章、襟章及醒目的標誌牌來區分。

人員識別項目有：內部職員與外人的識別；新人與舊人(熟練工與非熟練工)的識別；職務與資格的識別；不同職位(工種)的識別。

工種識別，如：白色衣服為辦公室人員；藍色衣服為生產員工；紅色衣服為維修人員。

職務識別，如：無肩章為普通員工；一杠為組長；二杠為班長；三杠為主管；四杠為部門經理。

也可用胸章、袖章、臂章、肩章、廠牌來識別：如取得焊錫、粘接、儀器校正等特殊技能資格認定了的人，要佩戴相應的「認定章」；如廠牌上粘貼本人相片，並設定不同的人事編號，必要時加註部門、職務或資格等。

（二）物料識別

現場中最容易出差錯的項目之一就是物料識別管理，良品與不良品相互混淆、誤用其他材料、數量不對……每一項都和識別欠佳有關。所以一定要做好識別管理。

識別項目有：品名、編號、數量、來歷、狀態的識別；良品與不良品的識別；保管條件的識別。

例如在外包裝或實物本身，用文字或帶有顏色的標貼紙來識別。如不良品可貼上標貼紙，寫上「不可使用」等字樣，必要時用帶箭頭的標貼紙註明不良之處。

例如在材料的「合格證」上作標記或註明。將變更、追加的信息，添註在「合格證」上。若材料是從供應商處購入，可要求供應商發行該卡；若為本企業內製造，則要從第一道工序發行該卡。

（三）設備識別

識別項目有：名稱、管理編號、精度校正、操作人員、維護人員、運作狀況、設備位置；安全逃生、生命救急裝置；操作流程示意。識別方法可採取：

⑴畫出大型設備的具體位置。

⑵在顯眼處懸掛或粘貼標牌、標貼。

一台設備有時幾個部門共同管理，最好統一設計一個編號。

如果判定某設備運作異常時，需要懸掛顯眼標牌示意，必要時可在該標牌上附上判定人員的簽名以及判定日期等內容，然後從現場撤離，這樣其他人才不會誤使用。

同時紙質標貼時間久了，容易發黃、發黑，最好作過塑處理，或用膠質貼紙。

⑶規劃專用場地，並設警告提示。

對粉塵、濕度、靜電、噪音、震動、光線等環境條件要求特殊的設備，可設置專用場地，必要時用透明膠簾圈圍起來，並做上醒目警告提示。

⑷設置顏色鮮豔的隔離裝置。

對只憑警告標示還不足以阻止危險發生的地方，最好的辦法就是將其隔離開來，若無法隔離，應設有緊急停止裝置，保證任何情況下的人身安全。

⑸聲音、燈光提示。

在正常作業情況下亮綠燈，異常情況下亮紅燈，並伴有鳴叫聲。

⑹痕跡留底識別。

精密設備一旦設定最佳運作位置之後就不宜改變，可是最佳位置在那裏呢？有時修理人員拆卸之後，無法將原件迅速、準確重定，這樣設備運作反而更不順暢，不得不反覆調整。所以最好的辦法是將痕跡留底。

（四）作業識別

作業識別的內容有：作業過程、作業結果，生產佈局、技術流程、品質重點控制項目，個體作業指示、特別注意事項，作業有效日期、實施人。

識別方法可用文字、圖片、樣品等可識辨工具來識別。實際指導作業人員作業時，最好由管理人員出示樣品並言傳身教。為了防止作業人員犯同樣的作業錯誤，管理人員可以將作業要點摘出，並用色筆圈畫出來，掛在作業員最容易看到的位置上。

若是流水線生產方式，只需在第一工序識別生產內容即可，若為單工序作業則需要識別作業內容。同時識別方法要顯眼，要方便自己和他人察看。

（五）環境識別

從進廠門開始，到生產現場，再到各個部門，都要有完整廠區平面佈局示意圖、現場佈局示意圖，這不僅可幫助新員工早日熟悉情況，而且可加深客戶對企業的瞭解，對增強企業形象具有重要意義。

⑴顏色識別

如作業區刷成綠色，通道用黃色線隔離；消防水管刷成紅色等。

注意不論是用什麼油漆刷的都要定期重刷，否則油漆剝落之後，視覺效果比不刷更差。

⑵標牌識別

如：工廠名可直接在工廠進出門上釘上標牌或編號；禁煙區則可懸掛禁煙令標記。

環境識別用的標牌種類最多，但同一工廠內各部門對同一對象所用的標牌式樣要統一，說明文字要簡單明瞭。同時，當識別對象本身的內容變更之後，標牌也要及時更新。

（六）不合格品識別

為了確保不合格品在生產過程中不被誤用，工廠所有的外購貨品、在製品、半成品、成品以及待處理的不合格品均應有品質識別標誌。

(1)進料不合格品標誌

品質部 IQC 檢驗時，若發現來貨中存在不合格品，且數量已達到或超過工廠來料品質允收標準時，IQC 驗貨人員應即時在該批(箱或件)貨物的外包裝上掛「待處理」標牌。報請部門主管或經理裁定處理，並按最終審批意見改掛相應的標誌牌，如暫收、挑選、退貨等。

(2)制程中不合格品標誌

在生產現場的每台機器旁，每條裝配拉台、包裝線或每個工位旁邊一般應設置專門的「不合格品箱」。

員工自檢出的或 PQC 在巡檢中判定的不合格品，員工應主動地放入「不合格品箱」中，待該箱裝滿時或該工單產品生產完成時，由專門員工清點數量。

如果工廠內部對成批貨品質無法確定，需要外部或客戶確認時，QC 可在該批貨品外包裝上掛「待處理」或「凍結」標牌，以示區別。此類貨品應擺放在工廠或現場劃定的「週轉區」等待處理結果。

在容器的外包裝表面指定的位置貼上「箱頭紙」或「標籤」，經所在部門的 QC 員蓋「不合格」字樣或「REJECT」印章後搬運到現場劃定的「不合格」區域整齊擺放。

目視管理的標準

一、應用 PDCA 進行改善

「PDCA」循環是品質管制專家戴明博士提出的概念，所以又稱其為「戴明環」。PDCA 循環是能使任何一項活動有效進行的工作方法，得到了廣泛的應用。

◎PDCA 的含義

P、D、C、A 四個英文字母所代表的意義如下：

- P（Plan）——計劃。包括方針和目標的確定以及活動計劃的制定；
- D（DO）——執行。執行就是具體運作，實施計劃中的內容；
- C（Check）——檢查。檢查計劃實際執行的效果，比較和目標的差距。分清那些對了，那些錯了，明確效果，找出問題；

· A（Action）——調整（或處理）。包括兩個內容：成功的經驗加以肯定，並予以標準化或制定作業指導書，便於以後工作時遵循；對於沒有解決的問題，查明原因，其解決的方法也就成為下一個 PDCA 循環的內容。如此周而復始，不斷推進工作的進展。

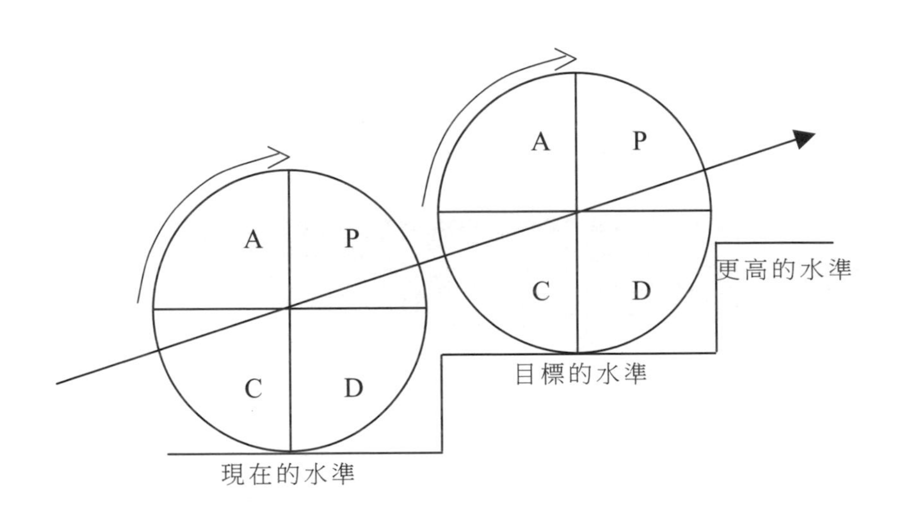

◎PDCA 循環的特點

PDCA 循環有以下明顯特點：

⑴周而復始

PDCA 循環的四個過程不是運行一次就完結，而是周而復始地進行。一個循環結束了，解決了一部分問題，可能還有問題沒有解決，或者又出現了新的問題，再進行下一個 PDCA 循環，依此類推。

⑵邏輯組合

一個公司或組織的整體運行體系與其內部各子體系的關係，是大環帶動小環的有機邏輯組合體。

⑶螺旋式上升

PDCA 循環不是停留在一個水準上的循環，不斷解決問題的過程就是水準逐步上升的過程。

◎PDCA 的模式

PDCA 循環應用了科學的統計觀念和處理方法。作為推動工作、發現問題和解決問題的有效工具，典型的模式被稱為「四個階段」和「八個步驟」。

⑴計劃階段（PLAN）

①分析現狀，發現問題；

②分析問題中各種影響因素；

③分析影響的主要原因；

④針對主要原因，採取解決的措施；

——（WHY）為什麼要制定這個措施？

——（WHAT）達到什麼目標？

——（WHERE）在何處執行？

——（WHO）由誰負責完成？

——（WHEN）什麼時間完成？

——（HOW）怎樣執行？

⑵執行階段（DO）

⑤執行，按實施計劃的要求去做；並保存每步實施的記錄（數據、提案內容、表格、照片等等）。

⑶檢查階段（CHECK）

⑥檢查，把執行結果與要求達到的目標進行對比；確認是否按日程實施，以及實施專案是否能按計劃達成預定目標值。

⑷調整、總結階段（ACTION）

⑦標準化。把成功的經驗總結出來，展開到其他方面，並進行標準化工作；

⑧把沒有解決或新出現的問題轉入下一個 PDCA 循環中去解決。

PDCA 是對持續改進、螺旋式上升工作的一種科學的總結，在現場管理中得到了廣泛的應用，是管理工作不可缺少的工具及改進公司的根本力量。

二、目視管理持續改進七要素

1.標準化、手冊化、且應全員遵守

將目視管理取得的成果和經驗形成標準，製作成目視管理活動標準手冊，使目視管理活動能長期進行。

2.定期對活動狀況進行評價

目視管理活動在後期的保持階段，最容易出現反復。員工認為目視管理活動風頭已過了，公司也不會像剛開始時重視了，不自覺地會出現鬆懈現象，所以對目視管理活動的狀況進行定期的檢查，並納入日常管理和考評中是目視管理活動能否長期進行的關鍵。

3.持續進行改善

改善是無止境的，在目視管理活動中更能體現這句話的內涵，要想把平時不為人注意的隱患點、管理點明示出來，並加以目視化，光靠現成的方法是遠遠不夠的，因為現場存在差異。所以我們得有一個不斷追求進步和不斷進行創新的頭腦。要知道最好的目視管理方法是

從你我的大腦中產生的。

4.制定目標進行改善

在持續改進這一階段，目視管理改善的目標是更高的水準和更注重細節的精細目視化，因而在此階段制定改善目標以細緻為指導。

5.導入更新的技術和情報

時常注意外部目視管理的動態，吸取外界經驗，把最新最先進的目視管理情報和技術應用到你的作業現場。

6.系統化、理論化、固定化

「有千萬種設備，就有千萬種目視化的方法」。不同的企業在實行目視管理活動過程中也會形成自己獨特的目視化體系。但是這種形成不是自然形成的，而是需要你去歸納，去固定化和系統化。只有做到這一點才說明你公司的目視化工作是卓有成效的。

7.必要時實施大範圍的修正

在保持目視管理成果階段還有一個容易犯的錯誤，就是保守，動不動說這個改進不符合目視化要求，那個建議不符合目視工作，其實一句話，滿足了就不想改善了。

到底什麼才真正符合目視管理的要求呢？那就是不斷改善，不斷提高目視化的水準；不斷地在目視化項目中加入自己的創意。不要使固有的東西阻礙你改進的思維。

三、目視管理的標準化、制度化

出現問題時，主管常習慣這樣說：「我跟他們說過了，他們也會注意的。」時間一長或人員一旦發生變動，老問題又會出現，這是沒有標準化、制度化的結果。所以對問題要揪住不放，追查到底。

1. 標準化的要點

⑴抓住重點。利用柏拉圖原理，尋找「重要的少數」，為「重要的少數」制定標準。

⑵目的和方法要明確。要具體明確描述目的和方法，保證預期目標的達到。

制定標準時最好用平實、簡潔的語言描述標準，簡單扼要。無需太過詳細，事無巨細，一一詳細指示，讓人難於遵守和發揮創見；而且太詳細，經常要修改。

⑶注重內涵。標準即便是手寫的也可以，不求華麗莊重的外表，但要有豐富的內涵。

⑷明確各部門的責任(如計劃實施、文件保管、培訓等)，要求有管理規則。

⑸容易遵循。標準必須容易遵循，才能保證被徹底地貫徹執行。

制定前，要考慮遵守的難易度，確定合適的方法；在實施時經常確認遵守狀況，若遵守得不好則要調查原因，尋求對策。

⑹要徹底實施。徹底執行標準很重要，如果不付諸實施，再好的標準也不過是一紙空文。

⑺不斷修訂完善。沒有十全十美的標準，所有標準一開始都存在

不同的問題，通過不斷使用、修正，才會漸漸完善。

2. 標準化的步驟

⑴確認標準化的範圍或對象

因為企業不可能也沒有必要針對工廠裏的所有事務制定出標準，在對某項事務進行標準化前，需要確認這項標準化是否必要。

而確認的原則是：如果沒有標準就會導致混亂，則必須進行標準化；反之則不必。

⑵制定標準

選定了要進行標準化的對象或範圍後，接著就是制定標準。標準一般由下面幾個項目構成(如表 6-1 所示)：

表 6-1　標準的構成

制定履歷	制定時記入制定日期；修訂時記入修訂原因、修訂內容、修訂日期
制定目的	記入為何要制定該標準
適用範圍	該標準適用的部門、場所、時間
標準正文	記入具體實施方法
附表附圖	當僅用文字難以把實施方法描述清楚時，考慮加入表格或圖

各種形式的標準在不同的情況下，可能有不同的名稱和形式，如作業指導書、技術卡、操作規程等，但其目的都是相同的──為了更規範地執行任務。

⑶執行標準

①正確徹底地執行標準。

若不付諸實施，再完美的標準也徒勞無益。為了使已制定的標準徹底地貫徹下去，首先需要讓員工明白：作業指導書是自己進行操作的最高指示，它高於任何人(包括總經理)的口頭指示。

②抱著發現問題的心態執行標準。

標準是根據實際的作業條件及當時的技術水準制定出來的，可說是當時最好、最容易、最安全的作業方法。但隨著實際作業條件的改變和技術水準的不斷提高，標準中規定的作業方法可能會變得與實際不適合。因而必須及時進行修訂。所以，一定要要求員工抱著發現問題的心態去執行標準，不斷完善標準。

如果發現標準存在問題或者找到了更好的操作方法，不要自作主張地改變現有做法，而應當按以下步驟去做。

· 將自己的想法立即向上級報告。
· 確定自己的提議的確是一個好方法後，修訂標準。
· 根據修訂後的標準改變操作方法。
· 根據實際情況調整。

⑷修訂標準

在以下情況下應予以修訂標準：

· 標準的內容難以理解。
· 標準定義的任務難以執行。
· 當產品的品質水準已經改變時。
· 當外部因素或要求已改變時(如環境問題)。
· 當上層標準(ISO、GB 等)已經改變時。
· 當部件或材料已經改變時。
· 當機器、工具或儀器已經改變時。
· 當工作程序已經改變時。

3.讓員工按標準作業

標準制定出來了，則要想辦法讓員工自覺執行並成為習慣。

⑴灌輸遵守標準的意識

在日常的管理過程中，要向每一位員工反覆灌輸「標準人人都要遵守」的理念。

⑵開展培訓

按標準作業的目的是「不良為零、浪費為零、交貨延遲為零」，從最高管理者到現場人員都要徹底理解其意義，並展開教育培訓。

⑶班組長現場指導，跟蹤確認

做什麼，如何做，重點在那裏，班組長應手把手，傳授到位。

僅教會了還不行，還需跟進確認一段時間，看其是否真正領會，結果是否穩定。

⑷宣傳揭示

一旦設定了標準的作業方法，要在工廠的宣傳板上揭示出來，讓全體員工知道並理解遵守。

標準作業方法要掛在顯眼的位置，讓作業員能注意到並便於與實際作業相比較，對於作業指導書，則要放在作業員隨手可以拿得到的地方。

把標準放在誰都看得到的地方，這是目視管理的精髓。

⑸對違反行為應嚴厲斥責

對不遵守標準作業要求的行為，管理人員(班組長)一旦發現，就要立即毫不留情地予以痛斥，並馬上糾正其行為。

目視管理自導入階段起，即要求全體員工嚴守目視管理規定及辦法。一有任何異常狀態，立刻採取適當的對策，以免目視管理成為表面功夫。例如物料架各層都有標示，那麼必須按標示去放置物品，嚴禁亂擺亂放。

四、（實例）目視管理標準

◎重點標準的制訂

※ 某公司重點標準制訂辦法

1. 目的

以數字、繪畫、照片等，對作業要點中不易瞭解及記住的項目，利用目視化的工具表達，使人一目了然，而能進行正確的作業。

2. 適用範圍有關安全、品質、成本、設備的標準、基準等重要事項

3. 重點標準的編制

⑴尺寸：統一為 A4 紙張

⑵格式：見附件

⑶內容要求

· 寫成條文式

· 文字簡短扼要

· 字體要粗黑

⑷在重點標準的適當部位，填入「原標準編號」，以便易於追蹤管理。

4. 重點標準的管理

⑴將寫好的重點標準放進 PE 膜，並以過塑機加熱密封。

⑵標準的變更

· 當重點標準有損傷、骯髒等情形導致不易看清時，就要盡速重寫、更新。

· 當原標準變更或作業內容變更時，要盡速重寫、更新。

⑶審核。與原標準一樣，每年審閱一次，並由部門主管檢核印章，以確認其有效性。

5. 重點標準的使用

重點標準的格式

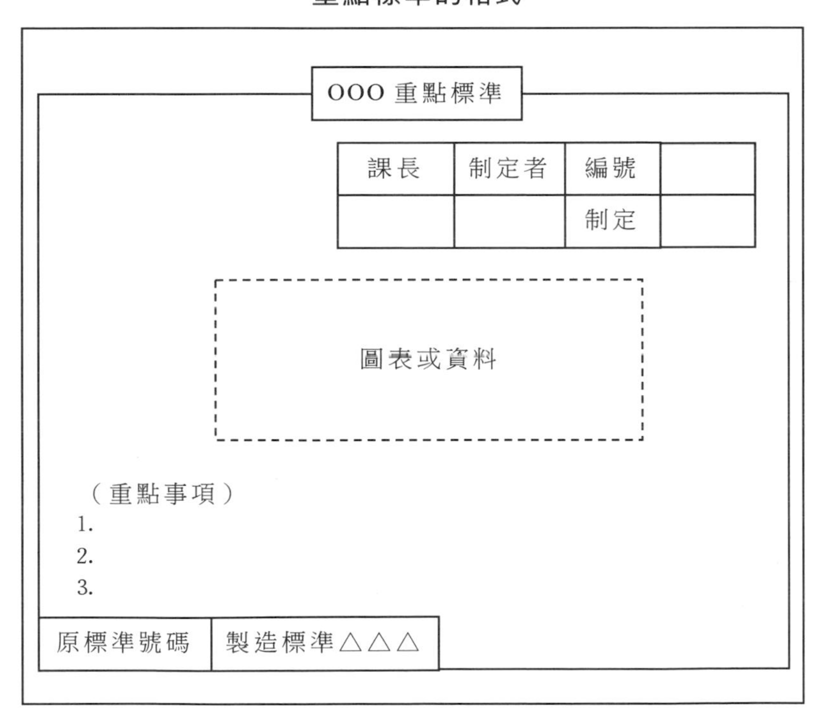

⑴使用頻率高的重點標準，要掛在作業員操作設備的地方，或作業員可以看到的地方。

⑵不常用的重點標準要集中保管於指定的場所，同時要列成一覽表，並予以公告；保證作業員操作時，就能輕易地取閱。

◎重點標準的查核

重點標準作為目視管理活動的重要內容，有必要對各現場的重點標準進行經常的查核，例如：

1. 重點標準有無遺漏？

2. 重點標準是否需要變更？？

3. 重點標準張貼在何處？地點是否適當？

4. 何種內容的重點標準，可作新進人員的教材？

重點標準的查核項目及對策：

1. 是否調查過去一年間的公傷案件，並制定防止再發的標準？

對策：在過去發生因公受傷的場所，必須公告重點標準，其內容要讓任何人都能一目了然，且能防止再度發生。

2. 是否調查過去一年間的抱怨事件，並制定防止再發的標準？

對策：調查所有公司內外抱怨事件，並列出一覽表，將其公告在全員容易看到的場所，同時做成重點標準，且能防止再發。

3. 是否調查過去一年間的作業異常(指超限、不良)，並制定防止再發的標準？

對策：將作業異常的發生狀況繪成柏拉圖、推移圖等，同時對重大不良，利用重點標準進行防止再發的活動。

4. 是否調查過去一年間的設備故障，並制定防止再發的標準？

對策：明確劃分操作員與保養人員的點檢查核項目，有關操作員自主保養項目，利用重點標準凸顯關鍵點。

5. 是否制訂完備的重點標準，使作業員能自主檢查所使用物料，及加工前的半成品？

對策：完備並活用重點標準，以防範不良物料的誤用，並進行前制程半成品的轉入檢查。

6. 是否制定完備的重點標準，以便針對自己製造的產品，進行自主檢查？

對策：針對查核表、作業指導書等所列的項目，其中較容易弄錯的內容，設法將其轉化為重點標準。

7. 靠感官的直覺容易弄錯的事項，是否訴之一目了然的表達方式？

對策：由於過去靠感官的直覺而弄錯的公傷案件、或流冷汗、嚇一跳的經驗，將其轉化為重點標準，防止再發。

8. 標準與實際作業如有出入，能否讓相關人員容易發掘其問題點？

對策：重點標準的內容必須以數值、圖解、照片等，具體表達問題點。

9. 有關安全方面，即使未特別提醒，其內容能否喚起作業員注意？

對策：重點標準的內容要以漫畫、圖解、照片等，加以具體表達；有關危險狀態的內容要利用視覺化的工具進行警示。

10. 有關重點標準的內容或格式，在工廠內是否全部標準化？

對策：編製作業基準、使用方法等相關的重點標準時，必須依照原有作業標準，而且遵照原有作業標準的使用方法，各部門要一致。

11. 為了明確與原本標準的關連性，是否記入原本標準的編號？

對策：必須在重點標準中填入原標準編號，如此才能有利於重點標準的修訂與追蹤。

12. 危險預知活動的成果是否活用重點標準？

對策：在安全方面的重點標準，應該列入指出內容。

13. 是否符合工作場所的實況？使用方法是否別具一格？

對策：要防止容易弄髒，以及活用顏色、卡片、照片、幻燈片方法，做到使用別具一格。

14.是否依重點標準執行相關的作業及管理？

對策：培養有關人員遵守重點標準的良好習慣，必要時列入個人績效考核。

15.是否全員都理解重點標準，並能積極活用？

對策：從重點標準的發行至活動為止，必須明確其相關辦法，而且對有關人員要積極實施教育與指導。

五、5S 活動辦法實例

塑造清爽、明朗、安全、舒適的工作環境，激發員工團隊意識，提升產品質量，降低生產成本，提升企業形象，最快捷有效的手段——5S 活動。

為保證 5S 活動推展順利，讓全員確切瞭解 5S 的涵義、目的、作用、推行步驟及其要領，公司特組織編寫及發行《5S 推行手冊》，期望公司員工能認真學習，善於領會，規範自己的工作行為。促使公司的 5S 活動由形式化→行事化→習慣化。

一、5S 的定義、目的

5S 即整理(SEIRO)、整頓(SEITON)、清掃(SEISO)、清潔(SEIKETSU)、素養(SHITSUKE)，因其日語的羅馬拼音均以「S」開頭，因此簡稱為「5S」。

第一個 S——整理

定義：區分要與不要物品，將不要物處理。

目的：騰出空間，提高生產效率。

第二個 S——整頓

定義：要的東西依規定定位、定量擺放整齊，明確標示。

目的：排除尋找的浪費。

第三個 S——清掃

定義：清除工作場所內的髒汙，並防止污染的發生。

目的：使不足、缺點顯現出，是品質的基礎。

第四個 S——清潔

定義：將 3S 實施制度化、規範化，並維持成果。

目的：通過制度化來維持成果，並顯現「異常」之所在。

第五個 S——素養

定義：人人依規定行事，從心態上養成好習慣。

目的：養成遵章守紀的好習慣。

二、5S 的效用

5S 的效用可歸納為：

1. 5S 是最佳推銷員

· 顧客滿意工廠，增強下單信心；

· 很多人來工廠參觀學習，提升知名度；

· 清潔明朗的環境，留住優秀員工。

2. 5S 是節約專家

· 節省消耗品、工具、潤滑油、工程變換時間及作業時間，產品交期有保證。

3.5S 是安全專家

· 遵守作業標準，不會發生工傷事故；

· 強調危險預知訓練(KYT)，提升危險預知能力。

4.5S 是標準化的推動者

· 強調按標準作業；

· 品質穩定，如期達成生產目標。

5.5S 可形成愉快的工作現場。

· 明亮、清潔的工作場所；

· 工作環境清爽舒適，員工有被尊重的感覺；

· 員工凝聚力增強，工作更愉快。

三、推行步驟

步驟 1：組成 5S 推行組織

1. 推行委員會成立，明確職掌；
2. 執行巡迴檢查、督導；
3. 協助改善工作及活動評鑒。

步驟 2：擬定活動計劃

1. 活動目標、方針設定；
2. 廣宣活動設計；
3. 制定活動推行日程計劃；
4. 明確劃分責任區域及必要的用具設計。

步驟 3：宣傳造勢

1. 全員 5S 基礎知識培訓；
2. 海報、推行手冊及橫幅標語製作。

步驟 4：大掃除活動

1. 開展大掃除，將工廠的每一個角落都徹底清掃；

2. 和 5S 運動的宣傳同時舉行。

步驟 5：全公司展開

1. 各部門主管主導，全員處理不要物；

2. 難以判斷的物品，由推進委員會決定。

步驟 6：以小組活動來實施 5S 改善活動

1. 選定改善專案，以 3UMEMO 實施改善；

2. 活動成果發表。

3. 實施目視化管理。

· 公司共用區域，由推進委員會實施；

· 各部門目視化應各具創意。

步驟 7：5S 巡迴診斷與評估

1. 最高管理者及推行委員會定期、不定期巡視現場 5S 活動狀況。

· 瞭解各部門是否有計劃、有組織的開展活動（部門事務局、責任劃分是否明確）

· 部門實施狀況如何（活用 5S 查檢表）；

· 部門活動是否活潑（提案件數、改善成果）；

2. 活動優秀部門加以表揚、獎勵。

步驟 8：反覆實施步驟 6—7。

四、推行要領

(一)整理的推行要領

1. 所在的工作場所（範圍）進行全面檢查，包括看得到和看不到的；

2. 制定「要」和「不要」的判別基準；

3. 清除不需要物品；

4. 調查需要物品的使用頻度，決定日常用量；

5. 制定廢棄物處理方法；

6. 每日自我檢查。

(二)整頓的推行要領

1. 落實整理工作、規劃作業流程；

2. 確定物品放置場所、方法並標示；

3. 劃線定位。

重點：

· 整頓要做到任何人，特別是新進員工或其他部門都能立即取出所需要的東西。

· 對於放置處與被放置物，要能立即取出使用。使用後要能容易歸位，如果沒有歸位或誤放時應能馬上知道。

(三)清掃的推行要領：

1. 建立清掃責任區(室內外)。執行例行掃除，清理髒汙：

2. 調查污染源，予以杜絕；

3. 建立清掃基準，作為規範。

清掃就是使現場呈現沒有垃圾、沒有汙髒的狀態。尤其目前強調高品質如電子、精密製造，更不容許有垃圾或灰塵的污染。我們應該認識到清掃並不僅僅是打掃，而是品質控制的一部分。清掃是要用心來做的。

(四)清潔的推行要領

1. 落實前面 5S 工作；

2. 目視管理與 5S 標準化；

3. 制訂評審方法與獎懲制度：

4. 高階主管親自選定一塊樣板。

(五)素養的推行要領

1. 持續推動前面 5S 至習慣化；
2. 制訂共同遵守的有關規則、規定；
3. 制訂禮儀守則；
4. 教育訓練(新進人員加強)；
5. 推動各種精神提升活動(早會、禮貌運動等)。

五、「要」與「不要」物品判定標準

(一)要

1. 正常的設備、機器或電氣裝置；
2. 附屬設備(滑台、工作臺、料架)；
3. 台車、推車、墊板、膠箱、垃圾桶；
4. 正常使用中的工具、臺面、工作椅；
5. 原材料、半成品、成品及能回收的邊角料；
6. 使用中的樣品；
7. 辦公用品、必須的清潔用品
8. 推行中的有用的文件、圖紙、標示書。

(二)不要

1. 不再使用的設備、工具、模具；
2. 不再使用的辦公用品、垃圾筒；
3. 破墊板、紙箱、抹布、破籃框；
4. 呆料或過期樣品；
5. 作廢的文件、圖紙、作業指導書等；
6. 過期海報、公告物、標語；
7. 無用的提案箱、卡片箱、料架；
8. 工作臺老舊的指導書；

9. 不再使用的配線配管；

10. 不堪使用的手工用具。

六、5S 活動責任區分

(一)經營者 5S 責任

1. 確認 5S 活動是公司管理的基礎；
2. 參加 5S 活動有關教育訓練與觀摩；
3. 以身作則，展示企業推動 5S 之決心；
4. 擔任公司 5S 推動組織之領導者；
5. 擔任 5S 活動各項會議主席；
6. 仲裁有關 5S 活動檢討問題點；
7. 掌握 5S 活動之各項進度與實施成效；
8. 定期實施 5S 活動之上級診斷或評價工作；
9. 親自主持各項獎懲活動，並予全員精神講話。

(二)幹部 5S 責任

1. 結合公司的行動目標，學習 5S 知識、技巧；
2. 負責本部門 5S 活動宣傳、教育；
3. 劃分部門內部 5S 責任區域；
4. 依公司 5S 活動計劃表，制定本部門活動計劃；
5. 擔當 5S 活動委員及評分委員；
6. 分析和改善 5S 活動中問題點；
7. 督導部屬的清掃點檢及安全巡查；
8. 檢查員工服裝儀容、行為規範。

(三)員工 5S 責任

1. 及時處理不要物品並集中於規定場所，不可使其佔用作業區域；

2. 在規定地方放置工具、物品，保持通道暢通、整潔；

3. 滅火器、配電盤、開關箱、電動機、冷氣機等的週圍要時刻保持清潔；

4. 物品、設備要仔細地放，正確地放，安全地放，較大較重的堆在下層；

5. 不斷清掃自己的責任區域，保持清潔；

6. 積極配合主管的工作。

七、5S 檢查要點(辦公室)

1. 是否已將不要的東西丟棄(文件、檔案、圖表、文具用品、牆上標語、海報)；

2. 垃圾桶是否及時清理；

3. 辦公設備有無灰塵；

4. 桌子、文件架、通路是否以劃線來隔開；

5. 有無文件歸檔規則及按規則分類、歸檔；

6. 文件等有無實施定位化(顏色、標記)；

7. 需要之文件是否容易取出、歸位；

8. 是否只有一個插座，而有許多個插頭；

9. 辦公室牆角有沒有蜘蛛網；

10. 桌面、櫃子有沒有灰塵；

11. 公告欄有沒有過期的公告物品；

12. 管路配線是否雜亂，電話線、電源線是否固定得當；

13. 抽屜內是否雜亂，東西是否雜亂擺放；

14. 是否遵照規定著裝；

15. 中午及下班後，設備電源有沒有關好；

16. 是否有人員動向看板；

17.有無文件傳閱的規則；

18.會議室物品是否定位擺設；

19.有沒有注意接待賓客的禮儀。

八、5S 檢查要點(生產現場)

1.物料架、模具架、工具架等是否正確使用與清理；

2.作業臺面是否整潔；

3.模具、治具、量具、工具等是否正確使用，定位擺放；

4.機器上有無不必要的物品、工具或擺放是否牢靠；

5.私人用品及衣物等是否定位置放；

6.手推車、小拖車等是否定位放置；

7.塑膠籃、鐵箱、紙箱等搬運箱桶是否定位擺放；

8.潤滑油、清潔劑等用品是否定位放置並作標示；

9.作業場所是否予以劃分，並標示場所名稱；

10.消耗品(如抹布、手套、掃把等)是否定位擺放；

11.物料、成品、半成品等是否堆放整齊；

12.通道、走道是否保持暢通，通道內是否擺放物品(如電線、手推車)；

13.不良品、報廢品、返修品是否定位放置並隔離；

14.易燃物品是否定位擺放並能隔離；

15.下班後，是否清掃物品並擺放整齊；

16.制動開關有無設置隔離欄；

17.垃圾、紙屑、煙蒂、塑膠袋、破布等有沒有清除；

18.廢料、餘料、呆料等有沒有隨時清理；

19.地上、作業區的油污有沒有清掃；

20.垃圾箱、桶內外是否清掃乾淨；

21. 工作環境是否隨時保持整潔乾淨；
22. 長期置放(一週以上)之物品、材料、設備等有沒有加蓋防塵；
23. 地上、門窗、牆壁是否保持清潔；
24. 工作態度是否端正及遵守作息時間；
25. 服裝穿戴是否整齊，有無穿拖鞋的現象；
26. 幹部能否確實督導部屬進行自主管理；
27. 公用物品、區域是否及時歸位及保持清潔(如廁所等)。

心得欄

生產現場的目視管理方法

一、推動 5S 管理，強化責任歸屬

「5S」指的是整理(Seiri)、整頓(Seition)、清掃(Seiso)、清潔(Seiketsu)、素養(Shitsuke)。有的在 5S 後加了安全(Safety)，變成了 6S。

整理：隨時將現場物品分成有用和無用兩類，及時將無用的物品清除。

整頓：將有用的物品分類、定置擺放，做到數量足夠、類別清晰，井然有序，拿取方便。

清掃：自覺地把生產責任區域、設備、工位器具清掃乾淨，保持整潔、明快、舒暢的生產環境。

清潔：維護生產現場，確保清潔生產，杜絕職業危害，防止環境污染。員工本身也要做到著裝整潔、儀表端莊、精神健康。

素養：愛崗敬業，盡職盡責，遵章守紀，養成自我管理、自我控制的習慣。

安全：貫徹「安全第一、預防為主」的方針，在生產中確保人身、設備安全，嚴守企業的商業機密。

表 7-1　5S 的組成架構圖。

整理 將要與不要的東西分類；不要的物品及時清除，要的物品加以妥善保管。	⇨	整頓 隨時保持立刻能夠拿到想要物品的狀態。
⇨	素養 養成遵守已形成的工作流程和規定	⇦
清潔 維持整理、整頓與清掃無污染的狀態。	⇦	清掃 工作場所不定期清掃，使工作場所佈置井井有條。

5S 管理是企業加強基礎管理的必要手段，員工自覺遵循各項標準是現代文明的標誌。為了做好 5S 管理活動，企業可以將自己的地盤劃分成若干個區域，每一個區域指定一位負責人，來維護該區域的 5S 管理。雖如此，人的惰性依然會阻礙 5S 活動的順利推展。

惰性是大多數人的天性，因此，為了應付人的惰性，在管理上必須設計一些督促的動作，讓員工們能夠自我提醒。

什麼樣的督促動作最理想呢?可以借用「面子管理」來完成。有句名言「死要面子」，這正是人們對面子十分重視的真實寫照。

如何將面子管理運用到目視管理上?其實，就是在每一個劃分的區域明顯的地方，公告出該區域負責人的大名，只要這個地方髒、亂、差，大家就知道這是誰的地盤，誰該負責任，這個看板會讓該負責人很沒有面子，從而來督促自己重視負責區域的整潔。

當然，這個責任看板可以設計得很活潑，讓這項活動不至於變得那麼呆板、枯燥、沒有人情味。

二、讓廠房變大的技巧

即便是在現代化的工業區，地皮的價格也是很貴的，更不談寸土寸金的商業區。所以工廠土地的成本非常之高。因此，大多數的工廠都有發展地盤不足的困擾。或者是土地本來夠用了，但是對廠房沒有很好的設計規劃，加上管理不到位，那麼一定會使廠房顯得淩亂、面積太小、空間不夠了。

如何做好廠房的設計、規劃呢?其實這是 5S 最能表現的地方。首先，就是要整理，先將工廠內沒有用的東西清理掉，以便騰出更多的利用空間來。

其次，就是要做好整頓，也就是利用「定位」以及「標示」，將經過整理後的空間重新加以規劃，讓每一個有用的東西都有固定存放的場所，讓每一種管理功能，也都有一定的範圍；同時還通過標示、畫線等方法，把這些存放位置及範圍更加明確、顯眼地表示出來，讓大家很容易就能看懂，且易於遵守。

三、如何減少現場出錯的機率

在生產現場，通常會出現兩類問題：一些明明可以注意到的地方，還是出了問題。為什麼呢?就是因為大家認為它們太簡單、太熟悉了，反而被忽略了；另一類問題是人為疏忽，這是因為他們對這項工作並不熟悉造成的。

當然，這兩種情況對企業多少會帶來不良的影響。那麼，要如何減輕這方面的壓力呢?當然有很多方法，而目視管理正是其中的一種方法。

在每台機器的旁邊，設置一個「作業指示看板」，上面標明下一個生產流程的步驟和要點。這個看板不僅提醒大家的注意，同時更可協助那些對作業並不熟悉的人，當成是一種作業前的班前訓練和班前提示。這個看板要能發揮它的功能，還要注意以下幾點：

1. 看板的位置要適中

這個看板是要給作業者看的。所以，一定要設置在他們最方便看到的地方，否則，它們被注視的機率一定會很低。

2. 看板表達要簡單明瞭

要用簡單、易懂的文字或圖片來表達，太複雜的表達方式，也不會引起大家的興趣。

3. 對看板的內容要牢記心中

用行政命令的方式，強迫每一位作業者，在作業之前，一定要對這個看板上的要點，朗誦幾次來加深記憶並引起足夠的重視。

四、怎樣減少現場貨櫃的堆放問題

生產現場貨櫃的堆放作業，確實是一件非常辛苦的差事，尤其是當發現物品堆錯了，還得抽出來重堆，這樣除了苦上加苦外，還嚴重影響工作效率。那麼，怎樣減少堆放貨櫃的出錯率呢?

在要進行堆碼貨櫃的門上，掛上一個「貨櫃裝載看板」，在看板上將這次要堆放物品的名稱及數量先寫上，每堆一只貨品，就在這個看板的堆放狀況欄內，用寫「正」字的方式畫上一畫，如此一來，就不易出錯了，見表 7-2。

表 7-2　貨櫃裝載看板

品名	A	B	C
預計堆放箱數	25	20	36
目前堆放箱數	正 正 正 正 正		

五、進度看板可提高作業效率

人們都有一種奮發向上的良好願望，不論是管理幹部或是作業線上的生產人員，誰都不願意甘居人後。由於工廠要管的事情實在是太多了，管理人員如果不能及時、有效的掌握生產線上異常狀況，等到發現出現異常時，可能已經落後了一大段，雖經努力補救追上了進度，但損失已經造成，工廠勢必要投入更多的額外成本來彌補這個損失。

因此，如何將落後的資訊變成具有時效性，讓員工們知道、受大家重視，這才是防範問題再次發生的重要原則。

可以在生產現場明顯的地方，裝置一個「電子進度看板」，把工廠的預定目標及實際的生產資料，在第一時間同步反映出來，讓生產線上的員工產生壓力，激勵大家集思廣益、努力提高作業效率，這對工廠有效的掌握生產進度，幫助非常之大、效果非常之好。

即在生產現場顯眼的地方裝置一個「進度看板」，把工廠的預定目標及實際的生產數據，在第一時間同步反映出來，讓生產線上的員工產生壓力，管理者在座位上就能看到生產數量的變化，從而激勵大家向前衝，這對工廠有效掌握生產進度，幫助很大。

表 7-3　日生產計劃控制看板

時間	機種	計劃產量	實際產量	備註
08：00～10：00				
10：00～13：00				
13：00～15：00				
15：00～17：00				

六、生產作業的目視管理

工廠中的工作是通過各種各樣的工序及人組合而成的。各工序的作業是否是按計劃進行?是否是按決定的那樣正確地實施呢?在作業管理中，能很容易地明白各作業及各工序的進行狀況及是否有異常發生等情況是非常重要的。

目視管理的作業管理之要點：

要點 1：明確作業計劃及事前需準備的內容，且很容易核查實際進度與計劃是否一致。

方法：保養用日曆、生產管理板、各類看板。

要點 2：作業能按要求的那樣正確地實施，及能夠清楚地判定是否在正確地實施。

方法：重點教材、欠缺品、誤用品警報燈。

要點 3：在能早期發現異常上下功夫。

方法：異常警報燈。

目視管理的作業管理就是以下四點：

①是否按要求的那樣正確地實施著；

②是否按計劃在進行著；

③是否有異常發生；

④如果有異常發生，應如何對應。

七、怎樣減少憑記憶管理的壓力

生產工人在生產過程中，要注意到的地方實在是太多了，如果全部依靠員工們用記憶方式來完成，這樣的工作品質不會高到那里。如果是新進廠的員工，又如何能要求他們在很短的時間內記住這麼多的管理要點呢?

可運用目視管理的手法，在每一個管制點旁，用一些標誌、顏色、看板加以說明，讓作業人員直接就能夠很清楚地瞭解該如何來操作，以及操作時應注意的事項，這樣一方面減少了管理人員的工作量，也使得現場操作人員自覺、自主的獲得相關的管理及指導資訊。

八、如何減少無謂工時的浪費

每個企業都希望所有的作業人員，都能分分秒秒堅守在自己的工作崗位，認認真真的完成好自己的生產工作，企業的生產力才能得以提高。

然而，在生產作業過程中，作業人員難免會遇到一些作業上的困擾，像技術不足、品質不穩、缺料或是機器故障的影響，等等。遇到這些問題時，操作人員當然要想到去尋求協助。可是工廠內相關的人員又不可能隨時在場，如果作業人員離開工作崗位去求助或告知相關人員的話，他的工作勢必會停頓下來，這和廠方的期望顯然是背道而馳的。

那麼，有什麼方法能幫忙作業人員在遇到上述困擾時，既能把各種困擾快速傳達給有關人員，而自己卻又不需要離開工作崗位呢?

可以在生產現場的每一個作業臺上，安置紅、黃、綠三個按鈕。紅色代表技術問題、黃色代表品質問題、綠色代表快要缺料。當作業人員按下某一個按鈕，工廠的另一個大燈號看板上，會同步亮起該作業台的名稱及問題點的信號燈，有關的人員通過這個大看板上所顯示的資訊，就知道那一個作業台，目前有什麼樣的問題需要去幫助了。

九、如何在吵雜的環境裏有效的傳遞資訊

嘈雜的工作環境、高分貝的噪音，不但影響員工們的情緒，更會阻礙資訊的有效傳遞與快捷掌握。

有這種困擾的企業，借用目視管理來幫忙，就顯得非常重要了。舉個例子來講，假設現場的噪音非常大，使得大家常常聽不到作息的鈴聲。在這種狀況之下，不妨在鈴的旁邊，同步連接一個會閃爍的燈泡。每當鈴聲響起時，這個燈泡也會一閃一閃的亮著。這時，雖然大家聽不到鈴聲，但是卻可以看見這個燈泡的閃爍，就知道該是休息時間或工作的時間到了。

也可以在嘈雜的生產現場，設置電子數字看板，隨時顯示要傳達的資訊。

除此之外，要注意生產現場的環境保護，對那些噪聲較大的設備，採用封閉、隔離、減震多種消聲措施，以獲得較為安靜、舒適的

生產現場環境。

十、如何讓員工能自主管理

在企業裏，有不少這樣的鏡頭：就是早上 8 點上班，可是到了 8 點 10 分，員工們才真正開始工作。這中間的 10 分鐘，到底大家在幹什麼?並不是參加一般朝會，而是在等待主管分配工作。如果這個單位有 10 位員工，這一等待，今天白白的浪費掉了 100 分鐘的工作時間；如果工廠有 5 個同樣的單位，這些單位每天早上也是發生類似的情形，那麼，工廠每天早上光是等待工作的分配，就會耗損掉 500 分鐘。企業出現這種情況，對企業成本一定會造成相當大的影響。

消除這種無意義的等待的方法很簡單：可以借用派工看板來幫忙，見表 7-4。

表 7-4　派工看板

年　月　日

工作內容					
工作者					
工作目標					
備註					

在前一天，主管就把第二天的工作先分配好，同時把任務寫在看板上。次日的早上，大家只要依這個看板上的指示去執行工作就可以了，這樣不但可以免掉等待的時間，同時更能清楚的掌握住自己當日

工作的重點。

十一、讓新員工早日進入工作狀況

要讓新進員工早日進入工作狀況，做好崗位培訓、職前教育，是非常重要的。但是，往往職前培訓得花上很長的一段時間，還要有人從旁指導；甚至有些人光靠職前訓練還是不夠的，這樣徒增許多的管理人員、培訓費用，而且效果還不理想。何不利用目視管理的原理，採用放培訓錄影的辦法呢?

找一位動作非常標準的作業人員充當模特兒，用攝像機把示範的過程完整地拍錄下來，然後，再找一位口齒清晰的人完成旁白配音。這卷錄影帶即可作為學習時的範本，也可當做遇到困難時的參考書。這種具有視、聽雙重效果，又能不斷重播的指導方法，對學習者來講，進入狀況比較容易得多。

當然，如果沒有攝像機這種設備的話，用照相機把每一個標準的步驟拍下來，整理成一份作業指導手冊，也是一種很好的目視管理培訓教材。

第8章

設備的目視管理方法

隨著工廠機械化、自動化程度的提高，僅靠一些設備維護人員已很難保持設備的正常運作，現場的設備操作人員也被要求加入到設備的日常維護當中，操作者不僅要操作設備，還要進行簡單的清潔、檢查、加油、加固等日常保養工作。

目視管理的設備管理是以能夠正確地、高效率地實施清潔、檢查、加油、加固等日常保養工作為目的，以期達到設備零故障的目標。目視管理的設備管理要點如下：

1. 清楚明瞭地表示出應該進行維持保養的機能部位。

操作方法：顏色別加油標貼，管道、閥門的顏色別管理。

2. 能迅速發現發熱異常。

操作方法：在馬達、泵上使用溫度感應標籤或溫度感應油漆。

3. 是否正常供給、運轉清楚明瞭。

操作方法：在旁邊放置玻璃管、小飄帶、小風車。

4.在各類蓋板的極小化、透明化上下工夫。

操作方法：針對驅動部分，下工夫使其容易看見。

5.標記出計量儀器類的正常範圍、異常範圍與管理界限。

操作方法：用顏色表示出範圍（如綠色表示正常範圍，紅色表示異常範圍）。

6.設備是否按要求的性能、速度在運轉。

操作方法：標記出應有的週期與速度。

一、採用看板掌握設備運行狀況

設備正常運轉，是企業效益的基本保證，設備運轉不正常，或者是開機率不足，都足以讓企業陷入困境。像設備故障、材料供應不上、換模具、保養等等，都是造成設備停頓的主要原因。在這些停機原因中，有一些是正常停機，有一些是屬於管理原因。因此為了讓大家很容易就知道停機原因，在設備上裝置一個「設備停機狀況」看板，就顯得非常重用，見表 8-1。只要設備一停擺，作業人員就可以在這個看板上看出停機的原因，還可以避免許多不必要的猜測與誤會。

表 8-1　加工廠房設備停機狀況

年　月　日

設備名稱	停機原因	停機時數	停機損失	處理狀況
1 號車床	配電箱燒壞	30 分鐘	200 元已修復	
5 號銑床	傳送裝置故障	1 小時	500 元在修	
當日損失			700 元	
看板負責人：				

二、怎樣利用看板落實設備日常保養

設備保養依保養程度可以分成好幾級。最基礎級的日常保養，通常是由現場作業人員來負責，不管是一人照顧一台設備，還是一人照顧多台設備。

那麼作業人員有沒有做好設備的日常保養，以及每台設備的日常保養應該由誰負責。如果管理者不能有效地掌握這些資訊，企業也就無法做好設備的日常保養。另外，日常保養如果做得不徹底，對產品的品質以及設備壽命，也會有負面影響。如何讓現場的作業人員，重視這種日常保養的工作呢?利用目視管理就可以解決這個問題。

1. 責任看板

將設備保養者的名字及職責，張貼在設備明顯的地方，讓大家能夠很容易地知道，誰是這台設備的責任人。這樣，操作人員也會比較重視所管轄設備的日常保養了。

2. 日常保養稽核看板

這個看板分成兩個部份，一是日常保養稽核表，透過這張表瞭解員工有沒有執行日常保養工作：另一是保養部位及方式說明書，這部分的目的，是讓設備操作者更瞭解日常保養的方式與部位，有利於保養工作的完成。

此外，如果員工們尚不能主動利用空檔時間，來執行保養工作的話，最好能在上班一開始，或是下班前，抽出一小段的時間，全廠一起進行日常保養，這樣一來會讓設備保養工作做得更好。

三、掌握儀錶運行狀況

機器上的儀錶是用來顯示該機器某個部位的運行狀況的，這些儀錶通常是用數位或是刻度的方式來表示，這本身也是一種目視管理的方法。不過，每個儀錶所表達的意義在不同的場合是不一樣的，加上儀錶的體積不大又是靜態顯示，所以很容易產生辨識錯誤。

為了要增強儀錶的易辨性、多功能性，也為了便於大家能共同掌握，能在第一時間作出立即處理的判斷，更要強化傳統儀錶的表示方法：

⑴在儀錶板上漆上不同的顏色，用顏色來代表各種流程，以提醒

操作人員的注意。

⑵在機器的明顯部位裝置一個和儀錶相連的蜂鳴器，當儀錶的指標走到某一個控制點時，蜂鳴器就會同步聲光報警，現場人員就可以對這台機器做出正確、快捷的處理。

四、如何利用目視管理避免加油出錯

機器的正常運行要靠油品來完成潤滑、保養等工作，往往會有幾個部位需要加同一種油，而這些加油嘴又分散在一台機器的各個不同的部位；忘了給某個部位加油或是同一個部位被多次加油的現象常常發生，這些狀況都會影響到機器的正常運行。

如何利用目視管理來避免這些問題的發生呢?假設某一台機器有 4 個加油嘴，需要定期添加黃油。我們首先要把所有的加油嘴全給漆上黃色(這時是以黃色代表黃油)，然後，再在每一個加油嘴旁畫上一個小方塊，這個方塊又分成 3 格，第一格寫上工 1/4，表示這台機器總共有 4 個加油嘴，而目前所看到的是第一個：第二格寫上黃油，是用文字來增強大家對顏色所代表意思的瞭解；第三格寫上每個月的加油日期，目的在於提醒大家何時該加油了。

五、檢查螺絲鬆動的一條直線法

雖然現在為了避免螺絲鬆動已經有了許多解決的辦法，然而螺絲鬆動的現象還是非常普遍，而且造成的損失也是非常大的，輕的影響機器的正常運行，嚴重的會引起人生傷亡事故。因為再精密的機器，在使用時產生的震動，久而久之，螺絲便產生鬆動的現象。

在整個機器中，螺絲只是不顯眼的小零件，再加上震動所產生的鬆動，肉眼難以及時察覺，所以才是螺栓鬆動造成的事故原因之一。

如何解決這個問題呢?將螺絲鎖緊後，在螺絲和機器，或是螺絲和螺絲帽之間，畫上一條直線。一旦螺絲一鬆動，這條線就會發生偏差，就能及時發現螺絲鬆動了。

六、如何做好機器的三級保養

設備的三級保養制度：

1. 一級保養

是指操作人員每天對設備進行清潔、潤滑，每天寫好一級保養單。

2. 二級保養

是操作人員每週對設備的維護保養、包括定期對設備內部進行清潔，檢查油路及易損件有無磨損。

3. 三級保養

是指對設備每年一次的保養，它需要工人和維修人員共同完成，主要針對部分零件進行拆卸檢查，並對易損件進行更換，清潔潤滑系統，更換機油。

機器的正常運行關係到企業的生死存亡，因此，如何維護機器能正常的運行，這是企業管理的重心。當然，一般的工廠都會有機器定期保養的規章制度，然而保養不光只靠安排，更重要的是大家願意去認真執行。

那麼，如何掌握相關人員是否按照預定規定的制度去執行呢?這裏介紹借用目視管理來協助管理人員瞭解制度執行情況。

假設機器每個季度要做一次三級保養，可以設計一份有四種顏色的「三級保養確認單」，四種顏色分別代表一年的四季，當這一季的三級保養做好了，而且也經過有關單位確認後，就在機器上貼上當季的「三級保養確認單」。這樣，隨時可以通過觀看設備上粘貼的保養單顏色，就可以清楚的知道該設備的保養狀況了。

七、　點檢的目視管理事例

1. 點檢部位明確標誌

在傳送帶的下面，一位員工拿著黃油槍在找尋加油嘴：「班長明明說是 4 個油嘴，我怎麼一個都找不到呢？」主管叫來班長請他解釋。班長說這位員工是新來的不清楚油嘴的位置，應該再往前走 5 步油嘴就在第二排傳送帶的第三節的第四環第五個空格中間。主管聽得頭都大了，像這樣給油嘴定位可能只有班長能找到。

在班長的指引下員工好不容易找到黃油嘴，卻發現怎麼也加不進去，原來好久沒有加油，油嘴都生銹了。

例子說明三個問題，需點檢的部位沒有明確的標誌；點檢的頻率和週期沒有明確；點檢指引系統沒有建立。

一條生產線需要點檢的部位何止數十個，目視管理就是要將那些需要點檢的點用鮮明的標誌標示出來，並且配上點檢表，寫明點檢內容，指定點檢執行者和管理者，使人人一看就明白點檢對象在那裏、什麼時候點檢、怎樣點檢、誰點檢。

2.點檢目視化事例

(1)問題點描述

某公司堆高車點檢樣板車的製作，物流部堆高車多部(共有 30 台)，駕駛堆高車的人更多(100 人以上)。

每當堆高車點檢培訓教育時，初學者都較難理解(主要是內容太抽象)；駕駛堆高車過程中，也常常因某些內容太模糊而操作不當，導致故障發生。如給堆高車電瓶加水，按點檢要求是水標超出平面就OK，結果大部份都加得太多了。

(2)改善對策

改進相應的教材，並做成一部樣板車(標示出堆高車的基本構造及相應的說明)。初學者可親身體會每一個零部件的模樣，更透徹地瞭解到堆高車的正確操作，有效避免故障的發生。如給堆高車電瓶加水，在水標兩端做上正常水位刻度標誌，並配上說明標誌，這樣員工在給電瓶加水時就不會出現加多或少加現象，確保堆高車正常安全地運行。

八、設備的目視管理

設備的管理除了建立系統的點檢保養制度外，還應對存放現場進行規劃、標識及目視管理，目視管理的設備管理是以能夠正確地、高效率地實施清掃、點檢、加油、緊固等日常保養工作為目的。

目視管理的設備管理之要點：

要點 1：清楚明瞭地表示出應該進行維持保養的部位。

方法：顏色別加油標貼，管道、閥門的顏色別管理。

要點 2：能迅速發現發熱異常。

方法：在馬達、泵上使用溫度感應標貼或溫度感應油漆。

要點 3：是否正常供給、運轉清楚明瞭。

方法：在旁邊設置連通玻璃管、小飄帶、小風車。

要點 4：在各類蓋板的極小化、透明化上下功夫。

方法：特別是驅動部分，下功夫使得容易「看見」。

要點 5：標識出計量儀器類的正常／異常範圍、管理限界。

方法：用顏色表示出範圍（如：綠色表示正常範圍，紅色表示異常範圍）。

要點 6：設備是否按要求的性能、速度在運轉。

方法：揭示出應有週期、速度。

九、設備目視管理方案

（一）目的

為正確、高效地實施設備管理的清掃、點檢、加油等日常保養工作，實現現場設備「零」故障，特制定本方案。

（二）適用範圍

本方案適用於工廠生產現場設備目視管理活動。

（三）職責劃分

1. 工廠總經理負責設備目視管理推進的決策與監督工作。
2. 目視管理小組負責設備目視管理計劃的制訂與組織執行。
3. 生產現場操作人員負責落實設備目視管理的各項具體工作。

（四）設備目視管理原則

1. 注意事項明顯化原則

將設備的規格型號、使用條件、工作程序及注意事項明顯地呈現在操作人員的視線內。

2. 正確操作標準化原則

明確提示設備操作的標準要求和安全要求。

3. 維護保養制度化原則

將設備維護保養制度向責任人員清晰展示，提醒其按照制度進行維護保養。

（五）設備目視管理實施步驟

1. 由目視管理小組負責制定設備目視管理相關制度。
2. 確定設備的操作方法、保養計劃及注意事項，並在設備醒目位置懸掛標牌進行說明。

3. 設備閥門處應標明「開」、「關」狀態。對於不同狀態下需要切換的閥門應標注名稱、功能和對應的狀態，並用顏色加以區分。

4. 製作「設備保養日誌」、「使用記錄」及「設備保養檢查表」，張貼在設備醒目處或附近牆壁上，作為設備保養及使用情況的記錄。

5. 通過各種目視管理手法清晰呈現設備的重點部位、運行狀態及參數標準，具體手法及實施要點如下表所示。

表 8-2　設備目視管理手法及實施要點表

序號	手　法	要　點
1	使用不同顏色塗料對設備加油口、管道和閥門進行標識	清楚明瞭地表示應該進行維護保養的部位
2	在設備的發動機、泵上使用溫度感應標貼或塗刷溫度感應油漆	迅速發現發熱異常
3	在設備出風口處或附近物品上設置連同玻璃管、飄帶或小風車	對設備的正常供給、正常運轉提供視覺化的信號
4	將設備各種蓋板盡可能地更換為透明材質的蓋板	使設備重點部位運轉情況清晰可見
5	用紅色塗料對設備緊急停止開關進行標識	醒目標識危險動作部位
6	固定配合的零件與設備部位用同一顏色的塗料進行標識	為設備安裝、維修及保養活動提供清晰指示
7	用不同顏色的塗料對各類計量儀器的正常範圍或異常範圍進行標識	清楚、方便地顯示計量儀器的狀態範圍及管理界限
8	標識出設備正常狀態下的週期及運轉速度	隨時檢驗設備是否在正常狀態下進行運轉
9	為設備安裝聲光報警器	監控設備參數與故障情況

第 9 章

生產管理的看板製作方法

一、生產看板製作方法

看板管理法是指將希望管理的項目(信息)透過各類管理板揭示出來，使管理狀況眾人皆知的管理方法。

如，在流水線頭的顯示器上，隨時顯示生產信息(計劃台數、實際生產台數、差異數)，使各級管理者隨時都能把握生產狀況。

如取什麼貨、取多少、什麼時間到什麼地點取貨和怎樣搬運等情況，在看板上都指示得很清楚。各工序的員工只要看到看板，其生產數量、時間、方法、順序及搬運時間、搬運對象等就會完全清楚，因而，看板像生產線上的神經一樣，傳遞取貨和生產指令，控制過量生產和過量儲備，對於加速資金週轉、降低成本等起著重大作用。

由於看板在任何時候都必須與實物一起移動，因而它能夠控制過量製造、指明生產順序和簡化現場管理程序。這樣堅持下去，就使目視管理成為可能。如看板上指明了零件的名稱、產量、生產時間和方法、運送地點和數量等有關內容，就使得生產現場人員可以一目了然地判斷和處理問題。同時，也便於掌握工序生產能力、庫存狀況和人員安排等情況，提高經營管理效果。

⑴製作看板的材料

看板製作材料大體上分為三類：第一類是 A4 膠套及粘貼用的磁鐵；第二類是彩色的膠帶或廣告紙(一般常用的顏色有紅、黃、綠三種)；第三類是列印設備及張貼用的紙張。

看板板面材料一般採用白色磁板，根據看板的內容大小有三種規格的磁板可供選擇，分別是：70×110、80×120、100×200 釐米，這三種規格的磁板不用特別製作，稍微大一點的文具店均有出售。其中 70×110 和 80×120 規格的磁板，均可豎排張貼兩排共計 10 個 A4 膠套。100×200 規格的磁板也可豎排張貼兩排共計 20 個 A4 膠套。

⑵看板的版面設計

在設計、規劃看板時首先要注意的是整體顏色要協調。不管是使用的膠帶顏色還是板面的顏色在搭配上一定要有舒適感，同時要符合常理。比如：藍底白字的搭配比較醒目，有舒適感。紅色代表不良，起警示禁止作用，綠色代表合格在交通指示上有通行的意思等等。

其次，凡上看板的內容統一採用 A4 紙列印，並加上膠套。這樣做有三個方面的好處，一是膠套方便粘貼，而且用磁鐵粘貼後正面看不出痕跡，不影響板面的整體美觀。二是生產看板上的內容都需要每日更新加上膠套，內容更新方便。二是 A4 膠套較小可靈活規劃板面，最大限度地利用板面。

二、生產看板的內容

在生產部門可量化的生產指標基本上有以下幾種：生產目標、線生產力、品質管理指標、生產生產力、停機時間等。比如某公司月度生產目標是 300 台發動機，按此目標計算須每日生產一台發動機。為了能完成此目標計劃，就必須確保每日生產一台的任務。把這個指標展示在看板上就可以清楚地揭示出每日的生產量和生產目標之間的差距，以便發現日產量偏離目標時可及時採取措施，不會發生到交貨的前一天才發現不能按計劃交貨。

圖 9-1　生產看板的內容

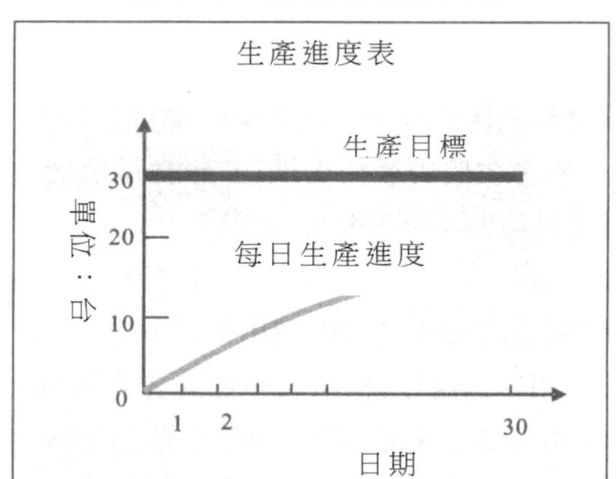

三、看板應用細節

1.派工看板

派工看板可以將早晨等待主管分配工作的時間減至最低，在前一天，主管就把第二天的工作先分配好，同時把它寫在看板上，次日早上，員工只要依這個看板上的指示去執行工作就好了，這樣不但可以免掉等待的時間，同時，更能夠很清楚地掌握自己當日工作的重點。

表 9-1　部門派工看板

工作內容	工作人員	工作目標	備註

2.作業指示看板

即在每台機器設備的旁邊，設置一個作業指示看板，把該機器設備操作生產流程的步驟要點張貼上去。這個看板不但可提醒作業人員注意，同時，更可協助那些對作業並不熟悉的人，在作業前做提前訓練。

表 9-2　作業指示看板的內容

作業指示書		
	工序號：40	工序名：注塑
使用材料、部品： PP-1，袋，週轉箱	使用機械、治工具 射出注塑機，模具NB-1	
1. 開工點檢 材料、程序，機械溫度、壓力，模具，安全裝置	材料表，工序規格，設備規格，形狀，動作	
2. 注塑	(1)注塑後，外觀檢查尺寸、形狀(目視檢查) (2)n＝2/H	
3. 裝入週轉箱	(1)使用新袋子 (2)防止箱子上有異物、垃圾	
4. 工作後 (1)分解模具、清掃 (2)清掃機械內部 (3)注油		
5. 做製造記錄 (1)LOT No. (2)射數(注塑次數) (3)有無異常	機械或模具有無異常	

3.生產異常管理看板

一般來說，工廠的生產項目大都很複雜，而且採用多工序加工方式來生產，萬一生產發生異常時，到底是那一個產品或那一道工序出了問題，生產管理部門如果不能立即掌握整個情況，及時採取必要的對策，自然會延遲交貨期。

但生產管理部門不可能整天都到現場去追蹤，這時就可設置「生產異常管理看板」來幫助生產管理人員掌握這些情況。

表 9-3　生產異常管理看板示例

生產異常管理看板　　年　月　日												
加工工序／生產命令卡	第一工序		第二工序		第三工序		第四工序		第五工序		第六工序	
	正常		正常		正常		正常		正常		正常	
		異常		異常		異常		異常		異常		異常
	正常		正常		正常		正常		正常		正常	
		異常		異常		異常		異常		異常		異常
	正常		正常		正常		正常		正常		正常	
		異常		異常		異常		異常		異常		異常

把每一個生產製造命令做成一張卡片，並讓它隨著產品跑，如果該產品在第一道工序上，一切都順利的話，該工序的加工人員在把加工品交給下一道工序的同時，把這張生產製造命令卡也一併交下去；第二道工序的生產人員，拿到這張生產製造命令卡後，就把這張卡插

入看板上屬於這一道工序的正常欄內，如果發生了異常，便從正常欄內，把生產製造命令卡取出，並填上異常原因及處理方法，然後改放到異常欄內。

這樣，生產管理人員就可以透過這個看板瞭解工廠那些地方、那道工序出現了異常，以及各單位是如何處理的。

另外，這個看板還可以充當生產進度管理看板來運用。

表 9-4　生產製造命令卡

<table>
<tr><td>製造單位</td><td colspan="3"></td></tr>
<tr><td>製造號碼</td><td></td><td>開工日期</td><td></td></tr>
<tr><td>產品名稱</td><td></td><td>產品編號</td><td></td></tr>
<tr><td>產品規格</td><td></td><td>數量</td><td></td></tr>
<tr><td>使用材料</td><td colspan="3"></td></tr>
<tr><td>製造方法</td><td colspan="3"></td></tr>
<tr><td>完成日期</td><td></td><td rowspan="2">廠長：</td><td rowspan="2">生產管理科：</td></tr>
<tr><td>移交單位</td><td></td></tr>
</table>

四、缺料指示燈號和隨貨看板

多數工廠對生產線上材料的供應採取領料或發料的方式。

領料方式，就是製造部門現場人員按照生產計劃，在某項產品製造之前填寫「領料單」將所需的材料給領回來；發料方式，就是由倉庫的有關人員，根據生產計劃將各個製造部門所需要的料，直接送到生產線上。

若採用領料方式，則每個製造部門需配置一名領料人員，但這種工作往往是兼辦居多，管理上，要避免該員工因工作繁雜而耽誤領料的進程，造成生產斷線或不便。同時，為了配合作業時間，各工序或操作人員旁，往往也需準備一處較大的待用材料放置區，來存放領回來的備用材料。以上這些情形，多多少少都會徒增管理成本。

若是採用發料方式，則可以比較節省成本。因為，各工序或生產線，不需專門配備一名領料人員，而改由倉庫的專人來處理。這樣，領料方式上所可能遇到的等待、走動、空間浪費等等，只要調度得當，就可以避免。

但是，發料方式是以少數人來應付多數需求，所以，一旦聯繫不好，供料數量不夠或不及時則肯定會影響到生產線的工作效率，此時借用缺料指示燈號及隨貨看板，就可以避免這方面的問題。

缺料指示燈號，可傳遞生產線缺料的信息，倉管人員可立即進行補料。

當某一條生產線的料快要用完時，作業人員只要按一下通知鈕，缺料的信息就會由缺料指示燈號馬上告知倉庫。當倉管人員得知某條生產線需要補充材料時，立即以最快的速度，把所需的料給送過去。當然為了爭取時效，倉庫人員必須依生產計劃事先把當天各生產線所需的料備妥，再來等待各生產線的信號。但是，倉庫往往同時要供應廠內所有生產線的各種物料，為避免弄錯，應在備妥的每一批貨上，掛上一個隨貨看板(如表 9-5 所示)，把這批貨的內容及生產線名給標示出來，這樣，倉管人員就很容易透過看板上的標示，準確地送貨了。

表 9-5 隨貨看板

隨貨看板	年 月 日
製品名	
批量	
批號	
生產線	

五、差異管制看板

假設工廠日計劃產量是 1000 個，而現在的時間是下午 5：30，離下班的時間還剩 30 分鐘，而這個單位只生產了 850 個。如果您是這個單位的主管，在這種狀況之下，您會怎麼辦呢?大多數的主管都會用加班的方法來面對這個問題。然而，加了班，問題就真正的解決了呢?

在面對這個問題時，應該首先要瞭解，生產計劃是 1000 個，為什麼實際上只生產了 850 個?也就是這 150 個的差距，到底跑到那裏去了?為什麼會出現這種差距呢?其實問題出在：企業進入了「事後報告型的管理模式」的誤區。

「事後報告型的管理模式」指的是當看到某一份報告之後，問題已經無法挽回。日產量是以一天 8 小時做為一個控制單元的，在這種管制方式之下，問題發現沒有辦法做到及時化，而當發現落後時，已經沒有挽回的餘地了，惟一的辦法就只有用加班來補救了，其實這種不必要的加班，會徒增企業的生產成本。

此時如果利用「差異管制看板」，就可以降低加班費用，見表9-6。所謂的差異管制看板，就是把現場的管制點給縮小，不再以 8 小時做為一個監控單元，而是以每小時作為監控單元，甚至於還可以更短，以分或者是以秒為單位，做一個管制單元。如此一來，每隔一定的時間，就要去瞭解生產狀況。

表 9-6　差異管制看板

生產項目：			本日預定產量：	
時間	標準產量	實際產量	差異	備註
08：00～09：00	125	125	0	
09：00～10：00	125	118	-7	
10：00～11：00	125	132	0	
11：00～12：00	125	85	40	
01：00～02：00				
02：00～03：00				
03：00～04：00				
04：00～05：00				
05：30～06：30				
06：30～07：30				
07：30～08：30				

一旦發現進度落後，可以即時補救。這對問題的掌握與解決，當然幫助很大。

假設原先設定的日產量是工 1000 個，改成以一小時為一控制單元，它的管制量就只有 125 個，如果 8 點到 9 點這第一個小時的實際產量是 125 個，就完全符合標準，當然不需要去管它，如果 9 點到 10 點這第二個鐘頭的產量只有工 118 個，顯然是落後了 7 個，雖然只落後了 7 個，但是它已把問題暴露了出來，只要加一點油，下一個鐘頭生產 132 個就把差額追上。這樣就能把問題給解決了；下一個鐘頭，目標還是 125 個，但因為某個因素，只生產了 85 個，這種差距的出現，代表著這樣下去非得加班不可了。但是不管怎麼說，最起碼的通過這個差異管制看板，可以提早發現問題。

一般工廠的加班，大部份是因為問題發生時，未能即時地掌握與解決，而造成事後要用加班來補救。這種的加班，實際上是一種浪費，如果能借用差異管制看板，來替代傳統的以日產量為控制單元的管制方法的話，要降低 50%的加班費，其實非常容易。

六、（實例）生產線警示燈的點燈規定

（一） 警示燈的點燈時間

1. 測定機、工具、機械的使用上發生問題時（製造不良、故障等）；

2. 發生零件缺貨時（須於零件用完之前點燈）：

3. 品目更換（換模、換線）時；

要求領班做零件事先準備時須點燈（前作業接近結束時點燈）。

4. 生產線在製品（積存）出現時；

在製品積存作業員前後，流程惡化，作業不順暢、物品無法流至後制程，而後制程的作業員發生停工待料時。

5. 不良發生時

①經常連續出現同樣不良時；

②出現不同的不良時；

③在裝配製程即使只出現一個不良時；

④產品、基板掉落時；

⑤良好與否無法判斷時。

（二）措施的採取方法

1. 制程別及第一次措施擔當者

制程別：　　　　第一次措施擔當者：

①調整制程　　②印刷制程　　③裝配製程

④最後檢驗制程　⑤捆包制程

2. 措施內容

點燈時機	第一次措施擔當者（領班）	第二次措施擔當者（制程管制者）	製造課長
①測定機、治具機械失常、故障時	內容確認，聯絡制程管制者	內容確認，必要時聯絡治具擔當者。	經常督導警示燈點後是否採取適當的措施，並給與必要的指示（對領班和制程管制者）。如接到制程管理者的報告或聯絡則採取必要的指示及措施
②發生零件缺貨時	將零件供應生產線。沒有零件庫存時，聯絡制程管制者。	督促前制程，或進行其他品目的作業指示（計劃變更）。	
③品目更換（換模、換線）時	準備接下來的品目零件供應生產。沒有零件庫存時，聯絡制程管制者	督促前制程，或進行其他品目的作業指示（計劃變更）。	
④生產線在製品出現時	幫助作業，順暢地流通，同時追查原因實施對策。原因未知時則聯絡制程管制者。	追查原因，實施對策	

（三）管理看板

製作作業指示板、日程管理板、作業進度管理板等，設置或標示於現場，對目前生產的品種、生產進度、落後原因等都可一目了然。或在作業員容易看見及取用的地方，公佈記載作業流程、作業要點的作業標準書及作業要領書等。

看板的製作，要盡可能用光滑白板、水彩筆、電磁鐵條片或圖片、電氣顏色膠帶等，加深人們的印象，儘量不使用繪製或書寫的方法。對於看板字體的書寫方向、尺寸、標誌顏色等應統一規範。看板可直接掛在牆上或採取垂吊式，如流水線頭的日程管理板，但是要留意看板的張掛地點是否適當，如高度、光線、週圍無惡臭氣味，以利於觀看。

· 日程管理板

將日程管理板設置於生產現場或辦公室，對制定的日程計劃進行管理。準備紅色、藍色、綠色等顏色別磁鐵片，依據磁鐵片的移動對生產進度狀況實施目視管理。但是，再完美的日程管理板，必須要有人來執行，因此，明確日程管理板的負責人及制訂日程管理板使用說明，並對現場督導人員實施充分的教育，貫徹日程管理板的有效運用。

七、目視管理用具實例

（一）標示、標籤

1. 潤滑方面的標示

· 加油口貼上指定的顏色標籤（油種、週期、負責人）；

· 保管容器依粘度指數別，以顏色加以區分；

· 加油器具的油種別的顏色標籤；

· 上下限油位的標示；

· 每單位時間的消耗量標示。

例如：設計週密的加油標籤，使作業員能依標籤的指示，明確加油責任者、定期加正確的油種，而不會遺漏。

說明：

①代號：責任人

代號 1——作業員（製造部門）；

代號 2——維修員（生技部門）。

②頻率及色別標示

紅色：1 次/週

黃色：1 次/月

藍色：1 次/季。

③油種：依實況填寫油品名稱。

④油種品目別標籤的張貼。

⑤標示油面標籤的張貼。

2. 螺絲、螺帽方面

①色別標示；②定位標記。

3. 儀錶類的標識

①設定壓力的標識；

②電磁閥的用途標示；

③電磁閥的溫度標籤。

4. 傳動方面

①三角皮帶或鏈條型式的標示；

②三角皮帶或鏈條回轉方向的標示；

③設置點檢用的透視窗。

5.電氣方面

①馬達的溫度標籤；

②固定檢出器的鎖緊標記；

③保險絲的用途標示等。

6.計測器具管理區分色別標示

①管理區分色別標示；

②標示上次檢查月；

在色別標籤上標示次回檢查年月。

③標籤粘貼部位(參考)。

（二）電光標示板(警示燈、呼叫燈)

目視管理應用於生產線的管理，是極其有效的方法，例如：在生產線上設置呼叫燈，當材料剛用完或正要換線、換模時，由作業員開燈通知搬運工或外部換模工。在裝配生產線的作業員頭頂設置電光式的標示板，當異常發生時，只要作業員按下按鈕，標示板上的電燈就會亮，生產線的狀況即可一目了然。或在機械設備停止時，掛上表示換模、待料、機械故障等原因的標示板或設置自動亮起來的標示燈。對於這一類的目視管理用具，管理者必須制定用具的使用方法，並通過在職訓練(OJT)讓全員瞭解工具的使用方法及時機。

八、績效看板

沒有一位員工願意自己在競爭中落後於他人，因為，這個成績的好壞，不但會影響到自己的面子，和自己的經濟效益有著直接的關係，如何讓員工們知道自己或是所屬部門成績的好壞，這是至關重要的。雖然大家都會認同這個觀點，但如果自己的成績，自己都看不到，這種壓力自然不易產生。所以，可以在工廠的明顯處，設置一些績效看板，把相關部門或是個人的績效，以最快的速度給反映出來，讓大家能有所鼓勵與警惕。

至於這種績效看板，應該選用個人或是單位，還是兩者都選用，這就因激勵的對象而異。如果是以單位內的所有員工為激勵對象，當然這種績效看板就要設置個人績效看板：如果是要激發單位之間的競爭的話，則運用單位績效看板。如果既要激勵個人又要激勵團隊的話，當然兩者都得考慮。

表 9-7　年度績效看板

月份 單位	1	2	3	4	……	10	11	12

表 9-8　月份個人績效看板

日期／姓名	1	2	3	4	5	6	7	8	……	28	29	30	31	備註

除了績效看板，還可以根據企業的具體情況，設置其他相應的看板，例如「斷線時間記錄看板」，讓大家能夠通過這個看板瞭解今天到目前為止，工廠已經因管理上的不當，停工了多久，以及停工已經造成工廠多大的金錢損失等等。

表 9-9　繼線時間記錄看板

年　月　日

生產線	繼線時間	損失金額
A	4 分 20 秒	1900 元
B	40 秒	600 元

九、生產看板製作事例

如某飲料公司有一條罐裝生產線，該線的生產力為每小時生產 500 箱罐裝飲料，生產線有員工 20 人，以每日生產 8 小時計，生產生產力就為(計算公式 500×8/20/8)每人每小時 25 箱。當然，如果中途無任何故障的話，估計上述目標是可以完成的，如果有停線的情況就很難說了。停線情況的發生大部分是機器保養不妥出現故障導致，如果管理到位停線情況是可以減少的。所以停機的時間須定一個硬性的指標，才可促進員工對機器的日常保養工作。綜合過去一年來的停機情況定出了每月的總停機時間不得超過 15 分鐘，平均到每天，停機時間就不得超過 0.5 分鐘。為了及早發現可能出現的影響生產正常運作的情況，以確保生產計劃地順利完成，須將以下指示製成表格在生產看板上展示出來。

為了確保品質，該飲料生產企業制定的品質目標是每生產 10000 箱飲料中只允許出現 1 箱不良品。不良品指標就是萬分之一(即 0.0001 箱)。在這裏不良品指標就是生產品質的體現。

通過展示以引起員工對品質的關注，希望他們下個月努力改進。

將上述內容經過設計和規劃綜合到一塊 80×120 釐米的白瓷板上就是一個生產管理看板。

第 10 章

採購的目視管理方法

一、採購供應的目視化

採購部主管常報怨採購工作越來越不好做了，因為公司近來為了適應市場，大力推行供應鏈管理，按照供應鏈管理的思路，採購部關注的焦點必須從原來的直接供應商擴展到第三級供應商。也就是說以前採購一個部件，主管只須接觸和管理生產成品的一家供應商就行，而現在他還得考查和管理這個部件的原料製造商。目的就是為了以最低的採購成本及時地保證生產的需求。

市場是多變的，如何及時掌握供應商的動態，保證採購成本最低，就需要導入採購作業的目視化管理方法。下列幾種方法，希望能幫助解決困惑。

(1)買賣價變化表

作為一個採購人員，最希望的是自己能掌握採購價格變化，這樣就可以隨時以最低的成本採購適當的貨物。把未來 3～4 年內採購成本佔銷售成本的比例，作一個分析圖表，找到公司能夠承受的比例基準點，這樣不管市場如何變化，你都可以做到胸中有數。

①賣價和買價在變化中掌握

②預測將來估算賣價，謀求成本最低

③設置評價基準

表 10-1　買賣價變化表

項目		1990	1991	1992	1993
A	成品賣價/單價	100	90	80	60
B	採購價/單價	20	15	15	14
B/A*100	採購單價佔成品單價比率	20	16.7	18.8	23.3
	評價		○	▲	×

⑵實物對比板

為了提高企業的產品在價格上的競爭優勢，就必須以比競爭對手低的成本採購產品所需的原料。那麼將競爭對手的產品和自己企業的產品用實物展示的方法從單位、材料、價格等各方面作一個詳細的比較，以便找到改進採購價格的著眼點。

①用實物展示

②用原單位表示

③收集問題點、改善方案

④做成著眼點清單等

二、如何有效掌握生產進度

在激烈的市場競爭環境下，企業要想能夠出奇制勝，除了產品的適銷對路、質量、價格和售後服務外，企業對生產進度的計劃、安排及進度的掌握也是企業決一勝負的關鍵。

產品的生產不是光靠一個單位就能獨立完成的，是需要許多單位通力合作的。因此總體進度、各單位的生產進度的掌握就令人頭痛，況且參與生產的單位很多，想掌握彼此間的進度更是難上加難，如果一個單位的生產進度延誤，勢必也會影響到後面的生產進度。

現今的企業大多是同時生產多項產品，單靠管理人員，想及時掌握住所有單位的進度，往往顯得力不從心。所以，最好的方法，是在生管單位醒目的位置，設置一個「生產進度看板」，把所有的生產資訊全部反映在這個看板上，讓相關的人員能夠一目了然，見表 10-2。還可以充分利用資訊板、5S 資訊板、看板卡片等目視管理道具，或者是創建和應用不同類型的視覺控制工具，使看板成為生產進度控制的可視管理要素及持續提高生產效率的工具。

10-2 生產進度看板

名稱	計劃	工單	備料	加工	處理	裝配	包裝	自檢
A 產品								
B 產品								
C 產品								
D 產品								
E 產品								

三、如何進行急件處理

因為生產工廠的形態不同，所以，生產進度看板也要因環境而有所改變。如果工廠的生產週期非常短，而且臨時被急件插單的機會又比較多，那麼如何讓各生產單位的員工能夠及時瞭解生產情況呢?

表 10-3　生產進行看板

	序號	工號	加工方式			預計產量	實際產量	備註
正常件	1							
	2							
	3							
	4							
	5							
急件	1							
	2							
	3							
	4							
	5							

在前一天，將明天要生產的內容，先按生產的優先順序，依次寫在看板的正常件的位置，如果一切正常，就按照既定的順序來生產。如果接到臨時急件，那麼，管理人員就把插單件填在急件欄內，生產

單位依照這個資訊做必要的調整。這樣既可優先處理急件，又不會打亂原先的生產順序，見表 10-3。

四、如何掌握設備運行狀況

企業一方面希望業務部門能接到更多的訂單，一方面又希望這些訂單能夠均衡承接，以便均衡的安排生產，能夠讓所有設備的運轉時數相當。然而，實際情況並非如此，往往是某幾台設備經常超負荷運行，某幾台設備卻整天待機。造成這種狀況的原因有很多，這裏所需要指出的原因，是銷售部門不瞭解工廠設備的運行負荷造成的。

工廠的設備開機狀況不均勻的話，不但會影響到生產成本，同時也會影響到業務部門對客戶的承諾。為了讓工廠生產能力能夠最大限度的發揮，同時也能減輕業務部門不必要的困擾，業務部門在尋求生產訂單時，要盡可能多地瞭解工廠設備的負荷狀況，幫忙多找一些正在停機待單或者生產負荷不重的設備所能生產的訂單。

業務部門可以通過「月份生產計劃看板」和「設備負荷看板」，瞭解到那些設備已經滿載了，而那些設備還有空檔，有針對性的去尋找相關的生產業務，見表 10-4 和表 10-5。

表 10-4　＿＿＿月份生產計劃看板

工號	品名規格	訂單數量	計書生產量													備註
			1	2	3	4	5	6				28	29	30	31	
			A/B	/	/	/	/	/				/	/	/	/	

表 10-5　機器負荷看板

年　月　日

日期 / 設備	月							月						
J007	1	2	3			30	31	1	2	3			30	31
J009														

五、如何協助採購人員催貨

按時把所採購的物料驗收進庫，是採購人員的重大責任之一。

可是不少工廠的採購人員似乎做得並不怎麼好。傳統的作業方式也許是造成這種問題的原因之一。

傳統的作業方式：採購人員將當月份採購單的存根聯匯總成一本，當某一個批號的貨進來了，他們就翻到那一頁，在上面打個勾作為已入庫的記號。

倉庫管理人員到採購部門去瞭解某一批貨的狀況時，因為，一般的工廠每個月的訂貨筆數少說也有數十筆，多的有時達到千萬筆。所以採購人員當然記不住了，只好查閱這一本厚厚的採購單存根聯匯總本。這種每次都要重覆翻閱的方式，不但會使得採購人員把寶貴的時間浪費在一些已經不必要管(已經入庫的貨品)的工作上，再則，採購人員會變得很被動，無法有效、主動地工作，而且也經常為此出現很多問題。

如何讓採購人員對進料的掌握由被動變成主動?如何減少採購人員做無用工的時間呢?在採購部門辦公室設置一個催料看板，取代傳統的翻頁打勾法。

採購人員按照所發出的採購單的預定進料日期，將這張採購單放入適當的欄位內，舉個例子來講，假如 A 零件的預定進料日期是 15 日，則 A 零件的採購單放在第 15 格內。當 A 零件入庫後，就把這張採購單抽出來歸檔。總而言之，已經進料的採購單，就把它們從這個催料看板處抽出來歸檔，催料看板上還存在的單據，則表示它們還沒入庫。

因為看板上的採購單會隨料的入庫而消失，這樣採購人員就可以集中火力跟催那些還存放在催料看板上的物品了。

有些時候，採購人員雖然已經盡了力，可是某些原料還是催不進來，這時他可以將這項原料的採購單抽出來，放到急件欄內，讓工廠內有力人士來協助催料。

表 10-6　催料看板

1 日	12 日	23 日
2 日	13 日	24 日
3 日	14 日	25 日
4 日	15 日	26 日
5 日	16 日	27 日
6 日	17 日	28 日
7 日	18 日	29 日
8 日	19 日	30 日
9 日	20 日	31 日
10 日	21 日	急件欄
11 日	22 日	

六、如何有效掌握外包加工的進展狀況

外包加工是企業為了減輕自我投資與管理壓力的必然走向。不過，因為這些協力廠都是分散在外，再加上有些外包件的加工過程很複雜，需要好幾個加工廠的分工合作。因此對母廠的管理人員而言，如何掌握協力廠的生產進度，或是某項零件目前加工到什麼程度了，這關係到外包件回到母廠後繼續加工的進度。

如果母廠和所有的協力工廠之間的作業都已經電腦聯機，而且，又運作順暢，進度掌控的問題就會比較簡單；反之，沒有達到這個地步的話，最好是在相關的部門內，設置一個「外包件加工流程追蹤看板」，用來追蹤、控制相關的進度，見表 10-7。

表 10-7　外包件加工流程追蹤看板

年 月 日

產品名稱	加工狀況				
	A 協力工廠	B 協力工廠	C 協力工廠	D 協力工廠	回廠

七、如何做好生產線上的異常管理

工廠的生產項目一般都很複雜，往往採用多站式加工方式來完成，這樣的生產方式帶來的問題是，一旦生產發生異常，究竟是那一個產品或那一站出了問題，生管部門若不能即時掌握全局資訊，並及時地做出處理的話，企業的生產就會受到影響，嚴重時會損失慘重。

工廠的生管部門要管的事實在是太多了，他們不可能一天 24 小時在現場追蹤，這時「生產異常管制看板」可以幫助生管人員掌握這些情報，見表 10-8。

表 10-8　生產異常管制看板

加工站／工單號	第一站	第二站	第三站	第四站	第五站	第六站
	正常	正常	正常	正常	正常	正常
	異常	異常	異常	異常	異常	異常
	正常	正常	正常	正常	正常	正常
	異常	異常	異常	異常	異常	異常
	正常	正常	正常	正常	正常	正常
	異常	異常	異常	異常	異常	異常

每一個工單作成一張卡片，而工單隨著產品交下一道工序，如果該產品在第一個加工站上一切都順利的話，該站的加工人員在把加工

品交給下一站的同時，把這張工單也一併交下去：第二站的生產人員，拿到這張工單時，就把這張工單插入看板上屬於他這一站的正常欄內，如果發生了異常，他便從正常欄內，把工單給取出，並填上異常原因及處理方法，然後改放到異常欄內。

這樣生管人員就可以通過這個看板隨時瞭解工廠那些地方出現了異常，以及各單位是如何處置。

此外，這個看板還有一個好處，它也可以充當生產進度管制看板來運用。

八、如何幫助外包廠家做好目視管理

現代企業為了降低成本，外包加工往往是一條大家認可的管道，大家也希望能夠找到一家有規模又十分重視管理的協力廠，然而，這種想法通常難以如願，所碰到的還是以小規模的加工廠居多。因為規模小，對管理的重視自然就弱些，雖然大家都知道，管理是不能以規模小而忽視，母廠可以根據他們的實際狀況，提供適合於協力廠運作的管理方式，並輔導他們加以改善。

比如，有些小規模的協力廠，很多可能是夫妻店，常常碰到的問題是各種表單隨手亂放，經常發生單據遺失，或者尋找起來也很費時。其實，給他們一個很簡單可行的建議是：在盛裝外包加工品的容器上，安置一個固定的塑膠套，把單據放入塑膠套中，表單有了固定的存放位置，就不會遺失了。

九、運用交貨狀況看板掌握出貨狀況

已經備妥的貨，要送交給那些客戶？而這些貨，是否已經如期交付？可設置一個「交貨狀況看板」，讓有關的各部門將最新的狀況自主地反映在這個看板上(如表 10-9 所示)。

表 10-9　交貨狀況看板

交貨狀況看板　　　　年　月　日						
序號	客戶	品名及規格	數量	排定交貨期	交貨狀況	備註

十、運用看板和顏色管理防止出錯貨

在多品種、少量生產的情況下，生產部門出錯貨的情形常常會發生，一個有效的應對辦法，就是運用看板和顏色管理。

1. 出貨指示看板

掛上一張出貨指示看板，讓有關人員透過看板上的說明，很容易瞭解到，這一批貨是要送到那裏、那一個客戶。

2. 有顏色的打包帶

有顏色的打包帶，除了可以用來幫助掌握倉庫的貨品有沒有做到先進先出之外，還可以用在貨品的辨識上。針對不同批號或是不同客戶的貨，採用不同顏色的打包帶來打包，這樣一來，透過打包帶的顏色，就能區分客戶了，也就不會發錯貨了。

心得欄

第 11 章

廠區標誌的目視管理

一、廠區目視化標誌指引

廠區標誌指引系統也叫企業整體標誌指引系統，是目視管理的一項重要內容，是對外展示企業目視化成果的視窗。具體包括三大系統：辦公樓標誌、作業區標心、廠區標區。

1. 辦公樓標誌

⑴樓棟總指引標牌

在每一棟樓人口處對該樓每層樓的作業或辦公點作指引性說明的標誌牌。

⑵辦公室的門牌標誌

⑶各樓層分佈指引標誌牌

在每層樓人口處對本樓層各作業或辦公點的分佈狀況作方向指引。

2. 作業區標誌

⑴大區域標誌牌

每一個作業空間各個作業區分佈狀況作指引性標誌牌。

⑵作業區的門牌標誌

⑶小區域標誌牌

3. 廠區標誌

⑴工廠總指引標牌

在工廠人口處對工廠建築設施分佈狀況按大區劃分作總體方向性指引的標誌牌

⑵分區指示標牌

在各大區的建築物前對該區內作業點分佈狀況的指引標誌。

⑶路面交通標誌

在廠區路面分出人行道、車行道，並在轉彎處、視覺盲點作適當的提示標誌。

4. VIP 參觀通道

為展示企業的改善成果弘揚企業文化，贏得客戶的讚賞，提高員工的自豪感和改善熱情而設立的參觀展示通道系統。其內容包括：

⑴總參觀線路圖

從那里開始到那里結束，須經過那些部門都按參觀的順序顯示出來。

⑵參觀通道路面、牆體標誌

以海報的形式，利用參觀通道兩邊的牆面揭示企業的改善成果和產品。

⑶參觀通道標誌內容

· 工序介紹

· 部門方針
· 部門口號及目標(指標)
· 部門指標推移管理
· 部門改善提案現況及改善之星
· 部門優秀員工及公開欄
· 參觀指南(路線指示牌)

二、現場人員著裝統一化與實行掛牌制度

⑴著裝統一化

現場人員的著裝不僅保護的作用，在機器生產條件下，也是正規化、標準化的內容之一。它可以體現員工隊伍的優良素養，顯示企業內部不同單位、工種和職務之間的區別，同時還具有一定的心理作用，使人產生歸屬感、榮譽感、責任心等，對於組織指揮生產，也可創造一定的方便條件。

⑵掛牌制度

掛牌制度包括單位掛牌和個人佩戴標誌。

①單位掛牌。

按照企業內部各種檢查評比制度，將那些與實現企業戰略任務和目標有重要關係的考評項目的結果，以形象、直觀的方式給單位掛牌，能夠激勵先進單位更上一層樓，鞭策落後單位奮起直追。個人佩戴標誌，如胸章、胸標、臂章等，其作用同著裝類似。

②個人佩戴標誌。

除此之外，還可與考評相結合，給人以壓力和動力，達到促人進取、推動工作的目的。

三、工廠現場的顏色管理標準

1. 工廠地面顏色規劃方法

如果你工作的工廠通道、流水線、物料暫放的地方都是一樣的顏色，沒有標誌也沒有任何的指示，那現場的混亂是可想而知的，各種運送物料的手推車、頻繁搬動的貨物以及活動現場的人流、物流等雜亂地彙集在一起，效率提不高，安全沒保障，員工每日在這樣的環境中工作，那里會有士氣。所以我們必須運用目視管理教給我們的方法對現場的地面作一定的標誌規範。

⑴地面、區域線顏色及畫法

一般企業的作業區域選用灰色，有一些企業選用綠色，也有一些企業為了使地面耐磨採用金剛粉和樹脂給地面打蠟方式，這種方法的優點是可保持地面的原色，易清洗並且耐用，缺點是成本太高小型企業不適用。如選用灰色或綠色就簡單多了，只須用油漆粉刷地面，用黃漆劃出區域線。

⑵安全通道顏色及畫法

區內的安全通道線大部分企業都毫無爭議地選用了綠色為底色，黃色為邊線。綠色代表者安全、代表著良好，這一點是受到日本企業的影響，日本對企業使用顏色的意義有統一規定和說明，但有些企業也有例外，他們更偏重於使用帶表自己企業文化的某種顏色為良好或安全，如百事可樂就崇尚藍色、可口可樂崇尚紅色，這些顏色體現在百事或可口的每一個經營細節中。

⑶警示線顏色及畫法

另外為了安全起見在有危險性的設備和消防器材前面還必須作一些帶有警示性的標誌線條，在作業現場，員工把這類有特殊意義的畫線形象地稱為「斑馬線」，這個名稱點明了這種畫線的形狀。一般的畫法是先在設備前的地上畫一個與設備形狀大小相同的方框，再在方框內加上朝向一邊的斜線。方框線寬 5 釐米，內斜線寬 2 釐米。線條顏色為紅色，代表的意思為：線內不安全、線內禁止放置和線上方為消防器材。

⑷提示線顏色及畫法

在作業現場除了有上述這些特殊的設備需要重點標誌提示外，還有一種情況同樣需要地面標誌，比如：需要專人開啟的配電箱、儀錶櫃等，放置特殊物品嚴禁進入的區域，這一類設備或區域雖然其危險性不及前一類但是如不標誌，仍會有很大的安全隱患。我們把對這類設備的標誌線稱為一般警示標誌線，這種線採用紅黃間隔的斑馬線，寬 5 釐米，材料為貼地膠帶，在一般的文具店均能買到。也有些企業為了耐用而採用刷漆的方式。

⑸定位顏色及畫法

除了警示線外現場還有一種物品的定位線也是畫在地上的，這類線條一般寬 3 釐米，目的是鞏固 5S 的效果，規範物品放置的位置，以方便取用和管理。定位的方法按定位對象能否移動分為兩類，一類是可隨時移動的如手推車的定位、小堆高車等；另一類是不可移動的如固定的焊機、設備等。

①移動式物品定位線

黃線，用箭頭標示出口，推車、焊機可採用這種方法(如下圖)。

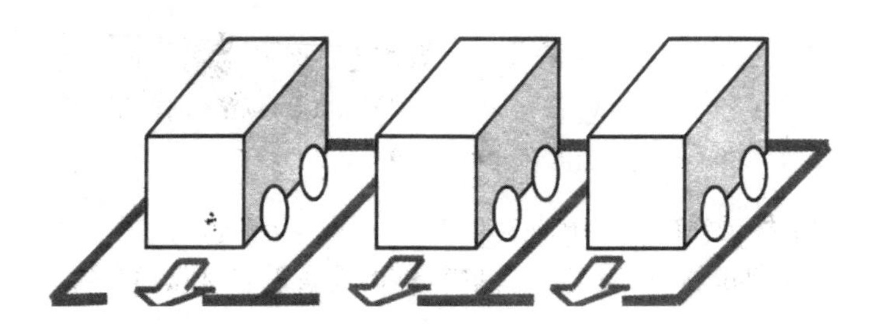

②固定式物品定位線

黃線，常採用虛線定位法(如下圖)。

③小物品定位線

黃線，採用四角定位法，其中物品角和定位角線間距應在 2～4 釐米(如下圖)。

⑷貨架四角定位線

黃線，有時演化為從通道線或區畫線上延伸的定位形式。

2.現場線條顏色參考標準

為了起到美觀實用的作用，地面定位的線條必須有一個標準形狀，否則現場線條寬窄不一，顏色雜亂仍會給工作帶來不便。但是也不能定得太死板，因為現場物品各有不同，同時場地、通道有大有小，因而在選用線條時應因地制宜，以整體流程協調、顏色分類清楚為准。

⑴常用的線條形狀、顏色標準

①主通道線(黃色)，參考線寬 6～10 釐米。

②區域線 1（黃色），參考線 4～釐米

③區域 2（綠色），參考線寬 4～釐米

④區域線 3（藍色），參與線寬 4～

⑤定位線 2（黃色），參考線寬 2～4

⑥定位線 2（黃色），參考線寬 2～4

⑵其他定位線條形狀、顏色標準

3. 現場標籤顏色參考標準

在作業現場，除了區域線、設備定位線以外還有各種狀態的物品，如等待上線的原材料、半成品；正在加工的在製品以及不良品等等。如何使此類物品的狀態一目了然，這就需要借助不同顏色的標籤來進行標誌。以前我們常用的標籤是沒有顏色區別的，只是不同狀態的物品在相應的欄內注明，一眼看上去基本沒有區別，只有細看才能明白，然而現場操作一般都十分的繁忙，在緊張工作環境中如果每拿一件物品都須仔細確認一番幾乎是不可能的，為了杜絕拿錯貨物，在不同狀態的物品標籤上加上不同顏色和不同形狀的標誌，使物品狀態一目了然，可以減少尋找的浪費和避免出錯貨。

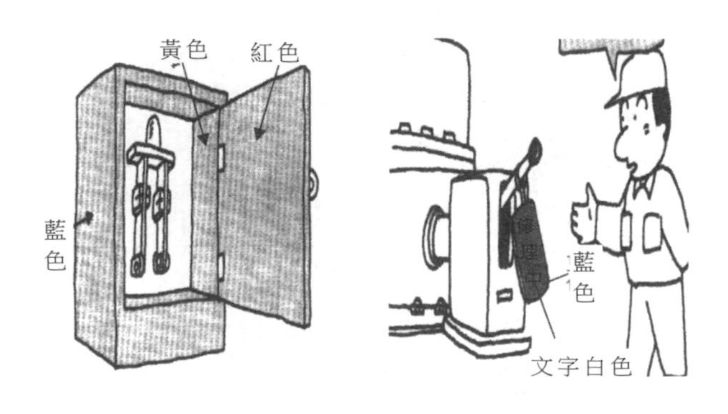

四、間接部門的目視管理

與生產現場密切合作的間接部門工作現場（非製造部門）中，尤其有關採購、貨倉、生管、技術、設計等部門，也要導入目視管理。

至於信息現場方面的目視管理，主要指信息的共有化，業務的標準化、簡單化、原則化等，借此提供快捷且準確的信息給生產現場，並有效解決問題。具體為：

1. 文件管理

⑴文件的分類、顏色標示。

⑵文件的保管場所標示。

⑶文件的定位標示。

2. 行動管理

⑴人員的動態管理：人員去向看板。

⑵個人的月行動計劃。

⑶出勤狀況管理：出勤狀況表。

表 11-1　人員去向顯示板

姓名	去向	離開時間	聯絡電話	預定返回時間	備註

註：⑴離開工作崗位人員填入。　⑵返回後擦掉。

3. 業務管理

⑴業務標準的手冊化。

⑵教育培訓的推進狀況看板。

4. OA 設備管理

⑴ OA 機器及資訊的保管場所標示。

⑵ OA 機器、冷氣機等的管理狀況看板。

五、廠區的油漆作戰

油漆作戰就是給地板、牆壁、機械設備等塗上新顏料。將原來的深色塗成明亮的淺色，牆壁的上下部份也塗上不同顏色的塗料。另外，地板上也將通道和作業區域塗成不同顏色，使區域明確劃分開來，給老工廠換上寬敞亮麗的新面貌。

要對工廠重新塗油漆，首先要做的是對各個區域的顏色進行規劃，然後才能按照規劃分配人員去做。在進行規劃時，一定要把負責人員寫進去。

⑴地板畫線

地板要配合用途，利用顏色加以區分(如表 11-2 所示)。作業區運用作業方便的顏色、休閒區則要用舒適、讓人放鬆的顏色。

通道依據作業區的位置來設立，但其彎位要儘量小。

表 11-2　地板顏色

場所	顏色
作業區	綠色
通道	橘色或螢光色
休閒區	藍色
倉庫	灰色

決定地板的顏色後，接下來是將這些區塊予以畫線。

①通常使用油漆，也可以用有色膠帶或壓力板。

②從通道與作業區的區劃線開始畫線。

③決定右側通行或左側通行(最好與交通規則相同，右側通行)。

④出入口的線採用虛線。

⑤要注意之處或危險區域可畫老虎標記。

⑵區塊畫線

把通道與作業區的區塊劃分開的線稱為區塊畫線。通常是以黃線表示，也可以用白線。實施要點為：

①畫直線。

②要很清楚醒目。

③減少角落彎位。

④轉角要避免直角。

⑶出入口線

勾畫出人能夠出入部份的線將其稱之為出入口線。用黃線標示，不可踩踏。畫線要點為：

①區塊勾畫線是實線、出入口線是虛線。

②出入口線提示確保此場所的安全。

③徹底從作業者的角度考慮來設計出入口線。

⑷通道線畫線

首先要決定是靠左或靠右的通行線。最好與交通規則相同，靠右通行。畫線要點：

①黃色或白色有箭頭。

②在一定間隔處或是角落附近，不要忘記樓梯處。

⑸老虎標記的畫線

老虎標記是黃色與黑色相間的斜紋所組成的線，與老虎色相似，所以稱之為老虎標記。

下列地方要畫老虎標記：

· 往通道的瓶頸處

· 腳跟處

· 橫跨通道處

· 階梯

· 電氣感應處

· 起重機操作處

· 頭上有物處

· 機械移動處

老虎標記的畫線要點為：

①老虎標記要能夠很清楚地看到。可用油漆塗上或貼上黑黃相間的老虎標記膠帶。

②通往通道的瓶頸處要徹底地修整使之暢通。

⑹置物場所線的畫線

放置物品的地方稱作放置場所。標示放置場所的標線即是置物場所線。要特別把半成品或作業台等當作畫線對象。畫線要點為：

①清理出半成品等的放置場所。

②清理出作業台、台車、滅火器等的放置場所。

③明確各區域畫線的顏色、寬度和線型，如表 11-3 所示。

表 11-3　某工廠各區域畫線的顏色、寬度和線型

類別	區域線		
	顏色	寬度	線型
待檢區	藍色	50毫米	實線
待判區	白色	50毫米	實線
合格區	綠色	50毫米	實線
不合格區、返修區	黃色	50毫米	實線
廢品區	紅色	50毫米	實線
毛坯區、展示區、培訓區	黃色	50毫米	實線
工位器具定置點	黃色	50毫米	實線
物品臨時存放區	黃色	50毫米	虛線

心得欄 ------------------------------------

第 12 章

物料的目視管理

一、物料管制卡

物料管制卡是明確標示在物料所在位置而便於存取的牌卡。

1. 物料管制卡的作用

⑴起著賬目與物料的橋樑作用。

⑵方便物料信息的回饋。

⑶料上有賬，賬上有料，非常直觀，一目了然。

⑷方便物料的收發工作。

⑸方便賬目的查詢工作。

⑹方便平時週、月、季、年度盤點工作。

2. 物料管制卡的內容

物料管制卡(如表 12-1 所示)上應記明：

⑴物料編號。

⑵物料名稱。

⑶物料的儲放位置或編號。

⑷物料的等級或分類(如主要生產材料或 A、B、C 分類)。

⑸物料的安全存量與最高存量。

⑹物料的訂購點和訂購量。

⑺物料的訂購前置時間(購備時間)。

⑻物料的出入庫及結存記錄(即賬目反映)。

表 12-1　物料管制卡

<table>
<tr><td colspan="2">物料名稱</td><td colspan="2"></td><td>料號</td><td colspan="2"></td><td>儲放位置</td><td colspan="2"></td></tr>
<tr><td colspan="2" rowspan="2">物料等級</td><td colspan="2" rowspan="2">□A □B □C</td><td>安全存量</td><td colspan="2"></td><td>訂購點</td><td colspan="2"></td></tr>
<tr><td>最高存量</td><td colspan="2"></td><td>前置時間</td><td colspan="2"></td></tr>
<tr><th>日期</th><th>入庫</th><th>出庫</th><th>結存</th><th>簽名</th><th>日期</th><th>入庫</th><th>出庫</th><th>結存</th><th>簽名</th></tr>
<tr><td></td><td></td><td></td><td></td><td></td><td></td><td></td><td></td><td></td><td></td></tr>
<tr><td></td><td></td><td></td><td></td><td></td><td></td><td></td><td></td><td></td><td></td></tr>
<tr><td></td><td></td><td></td><td></td><td></td><td></td><td></td><td></td><td></td><td></td></tr>
<tr><td></td><td></td><td></td><td></td><td></td><td></td><td></td><td></td><td></td><td></td></tr>
<tr><td></td><td></td><td></td><td></td><td></td><td></td><td></td><td></td><td></td><td></td></tr>
<tr><td></td><td></td><td></td><td></td><td></td><td></td><td></td><td></td><td></td><td></td></tr>
<tr><td></td><td></td><td></td><td></td><td></td><td></td><td></td><td></td><td></td><td></td></tr>
<tr><td></td><td></td><td></td><td></td><td></td><td></td><td></td><td></td><td></td><td></td></tr>
<tr><td></td><td></td><td></td><td></td><td></td><td></td><td></td><td></td><td></td><td></td></tr>
</table>

二、怎樣進行紅線管理

倉庫的庫存量有一個最佳的存量，特別是現在強調物品的「零庫存」。因為存量過多，不但佔用倉庫的有限空間、增加人力與財力的負擔。更糟的是，如果庫存量掌握不好的話，這些物品到後來可能會變成呆廢料，給公司造成更大的損失。

因此，一般對原物料的管理上，大多數企業都會規定一個最高存量的上限。這種上限的規劃，絕對是有助於存量的控制。那麼，倉管管理人員如何去掌控存量呢?

如果倉庫管理人員是用最原始的方法，一個一個去點數來瞭解庫存量是否過多，這種方法的效果，顯然是非常落後的。因為逐一清點是非常耗時勞神的，倉庫的物品種類達成百上千時，每一種物品的庫存量都要計算時，不累死也要煩死。

如果也是用複點的方式來檢查倉庫人員的工作情況，管理人員同樣會被攪得昏頭轉向。

那麼，有什麼好的方法，可以很輕鬆的完成物品的清算任務，又能減輕倉庫人員的負擔呢?紅線管理不失為一種很實用的好方法。

什麼是「紅線管理」呢?大家都知道，公交車上的一米線吧，按規定小孩身高超過這條線規定的高度，就要照章購票。巴士車上的售票員就是憑這道紅線，以目視的方法，來判定這個孩子需不需要買票。

把這種「紅線管理」應用在物品最高存量的控制上：假設規定某種物品的最高存量不能超過 10 包，那麼在放置這種物品位置的牆柱或是料架邊，在第 10 包的高度畫上一道紅線，當這種物品庫存超過

10 包的話，就會把這條紅線給蓋住，就可以知道這個物品的存量超過了上限，見下圖。

圖 12-1　物品庫存紅線管理示意圖

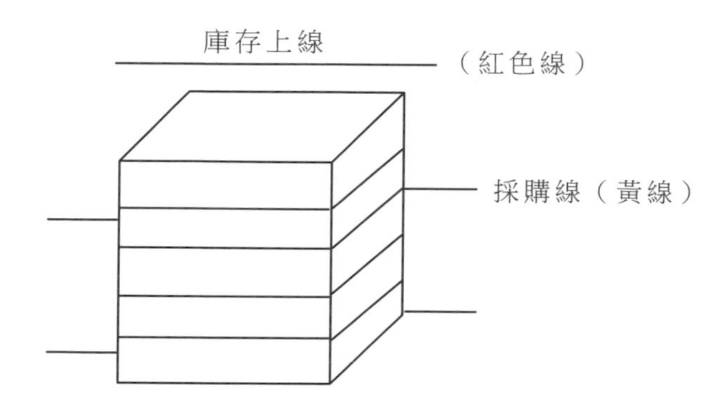

三、運用雙箱法來掌握最適訂購點

將物料存放於兩個貨架或容器（箱子）。先使用其中一個貨架的貨，用完轉而使用另一貨架的貨。此時即刻補貨，補的貨放置到前一貨架。兩個貨架不斷循環使用，即為雙箱法。

運用這個方法可以一眼看出是否已達到訂購點，所以不必借助倉庫賬，另外，由於這個方法是輪流使用兩個貨架，所以有促進庫存新陳代謝的優點。

實施說明：

⑴先使用右邊貨架的物品，此階段不可使用左邊貨架上的物品。

⑵當右邊貨架的貨全部用完後，立刻發出訂購單。而訂購量即為左邊貨架的量。

⑶之後，再使用左邊貨架的貨。

⑷訂貨來後，放入右邊的貨架，但不可使用，要繼續使用左邊貨架的貨。

⑸當左邊貨架的貨也用完，同樣立刻發出訂購單。

⑹然後使用右邊貨架的貨。

⑺所訂的貨來後放入左邊的貨架。

⑻上述步驟反覆循環。

四、如何設置樣品標籤

在盛裝物品的容器外貼上一張標籤，來說明容器內的物品，這是一種不錯的辨識方法。不過，當時間久了或是倉庫管理人員發生異動了，光憑標籤上的說明文字，還是不能那麼容易地知道容器裏究竟裝的是什麼物品，缺少直觀的外型印象。

如果在每一個容器外，貼上一個容器內所放置的物品，當做辨識用的樣品標籤，顯然看實物要比看文字輕鬆而且實在，當然就會比較容易做好倉庫管理，不易出錯；尤其是對那些小零件以及呆滯物料管理的效果更好。

五、通過目視控制物品是否需要採購

對倉庫物品的管理，除了遵循「零庫存」理論，控制最高存量外，另外一個重要的控制點就是最佳採購點的確定。所謂最佳採購點，指的是當庫存量到達某一特定數量時，是採購人員發出訂單的最佳時刻。因為訂單太下早了，會增加存貨，造成資金的積壓和倉儲空間緊張；如果訂單發晚了，又很可能會因為物品無法及時供應，影響到生產進度。

然而倉庫裏的物品有千百種，而每一種物品的最佳採購點又不盡相同，如果完全要依靠倉庫管理人員，一項一項去清點、去計算的話，這種偏離最佳採購點的風險實在是太大了；而借用目視管理可以減輕倉庫管理人員這方面的壓力，減少他們出錯的機會。那麼，如何利用目視管理來確定最佳採購點呢?下面舉個簡單的例子加以說明。

某圖書排版製作公司一個星期需要 10 包 B5 的列印紙，每次缺貨時給附近的文具店打個電話，通常就可以隨時供應，特殊情況也不會超出 2 個小時。如果庫存量過多，肯定是一種浪費。雖然文具店供貨方便，但若碰到文具店剛好下班，庫存的列印紙用完了，又要急於列印出稿，豈不誤事。因此，要控制列印紙的存量，將庫存量的上限設定為：庫存量=週需要量+備購期的包數。備購期包數是在非正常供貨需要的用紙量，例如下班後，文具店缺貨等，他們根據自己在非正常供貨情況下的列印量，確定備購期包數為 2 包，即週採購庫存量為 12 包就可以了。

有了這些前提條件後，首先在存放列印紙的位置處畫上一條紅線，紅線的高度剛好是 12 包 B5 列印紙的高度。只要列印紙存放的高度把這條紅線給遮住的話，那就表示 B5 列印紙的存量超過了允許的最高存量。

接著，在列印紙倒數第 10 包上，夾上一張代表要採購的紙條，當這張紙條出現時，表示要通知有關人員採購。因為公司一個星期要用 10 包 B5 列印紙，而備購期也需要 2 小時的時間，所以剩下的 2 包，剛好足夠在備購期內使用，當用完時，對方又會補新貨進來，這樣，既滿足了工作的需要，又保證不會有超量的庫存。

六、如何通過看板管理滯銷物品

所謂滯銷物品是指那些在倉庫庫存超過某一時間的物品。滯銷物品的出現會給企業帶來很大的損失，因為企業買進這些物品的時候，是以市場價格來支付的，可是當它們變成滯銷物料時，廉價處理的價格要比進貨價少許多。

另外，滯銷物品還佔用倉儲空間，減少其他貨物週轉，滯銷物品的被利用率實在是太低了，所以存放它們的場地的使用週轉率，將會趨近於零。

有些物品還不宜久放，像電池、藥品粉狀物料等，放久了功能就會減弱。又如電石、石灰等，放久了還怕受潮。

更可怕的是這些物品，萬一保管不當的話，還可能由滯銷物品轉變成廢品了，一旦成了廢品時，不僅賣不到錢，甚至還得花錢請人處理。

如何避免上述的情況發生呢?可以設置一個滯銷物品管制看板來幫忙。首先，將這些滯銷物品集中管理，千萬不能將它們分散管理，因為分散管理，一般人根本會懶得去管理它。然後在這些滯銷物品前，設置一個滯銷物品管制看板，見表 12-2。

表 12-2 滯銷物品管制看板

序號	名稱	規格	數量	有效日期

在這個看板上標記該批滯銷物品滯銷時間、名稱、規格、數量、有效日期等等，讓有關的人員可以通過這個看板，瞭解滯銷物品的現狀，而給予必要的處理意見或協助處理。

七、物料的目視管理

日常工作中，需要對消耗品、物料、在製品、完成品等各種各樣的物料進行管理。

通常對這些物料管理有四種基本形式：

· 伸手可及之處；

· 較近的架子、抽屜內；

· 放於儲物室、貨架中；

· 存放於某個區域

此時，「什麼物料、在那裏、有多少」及「必要的時候、必要的物料、無論何時都能快速地取出放入」成為物料管理的目標。

(1)目視管理的物料管理之要點：

要點 1：明確物料的名稱及用途。

方法：分類標識及用顏色區分。

要點 2：決定物料的放置場所，容易判斷。

方法：採用有顏色的區域線及標識加以區分。

要點 3：物料的放置

方法：能保證順利地進行先入先出。

要點 4：決定合理的數量，儘量只保管必要的最小數量，且要防止斷貨。

方法：標識出最大在庫線、安全在庫線、下單線，明確一回下單數量。

(2)物料品質方面的目視管理

目視管理能有效防止許多「人的失誤」的產生，從而減少品質問題發生。目視管理的品質管理之要點：

要點 1：防止因「人的失誤」導致的品質問題。

方法：合格品與不合格品分開放置，用顏色加以區分，類似品採用顏色區分。

要點 2：重要管理專案的「一目了然」。

方法：重要的項目懸掛比較圖或採用「一口標準」的形式，形象說明其區別和要點。

要點 3：能正確地進行判斷。

方法：採用上下限的樣板判定方法，防止人為失誤。

表 12-3　物料改造指導書

發行日期：____　　發行部門：技術部　　文書管理號：

主要步驟	注意點	檢查基準	所需工具、物料	責任人
重要事項及略圖說明：				

八、物料目視管理方案

（一）目的

為進行物料管理，提高物料使用率，減少浪費，特制定本方案。

（二）適用範圍

本方案適用於工廠生產現場的物料管理。

（三）物料目視管理目標

1. 一望即知所需物料規格、數量、位置等信息。
2. 新進人員也可瞭解物料情況。
3. 做到物料先進先出。
4. 可見呆滯物料，且標識清晰。
5. 各類物料分區放置，標識明確。

（四）物料目視管理程序

1.建立目視管理小組

總經理負責組織生產經理、各工廠負責人、物料管控人員和質量管理人員成立目視管理小組，進行工廠生產現場的目視管理工作。

2.確定物料放置區域

⑴用彩色油漆在地面上刷出線條，劃分通道和物料存儲位置，並保持通道暢通。

⑵在儲存區域畫線，確定不合格品區和合格品區。

⑶劃分各類物料的擺放位置，並保證物料的擺放可滿足「先進先出」的原則。

3.確認物料存量

⑴確認應放置物料的種類、最大存量和安全存量，防止領用過量或出現斷貨影響生產。

⑵制定物料不足時的對策，明確特殊情況下的處理措施。

4.制作物料標牌

目視管理小組負責組織現場操作人員制作物料標牌，對物料進行顏色標識，標牌的主要內容應包括以下六項。

⑴物料名稱。

⑵物料規格。

⑶物料進廠日期。

⑷數量，包括最大庫存量、安全庫存量和單次訂貨量。

⑸保存方法。

⑸其他特殊情況說明。

5.製作作業標準書

由目視管理小組製作各工序的作業標準書，並張貼在每一個工序區域的醒目位置。現場操作人員應按照作業標準書執行操作。

（五）物料目視管理注意事項

1. 定置管理

生產現場物控人員應嚴格按照定置管理的要求執行物料的定置管理，保證物料的擺放符合定置區域劃分標準。

2. 醒目標識

物料標牌應清晰、醒目，各個標牌顏色應不盡相同，但應儘量與物料本身的顏色靠近。

3. 「先進先出」原則

生產現場物控人員應經常調整同一區域同一規格的物料位置，讓先進工廠的物料擺放在最方便拿取的位置，以保證先進工廠的物料先使用。

心得欄 ------------------------------------

第13章

倉庫的目視管理方法

一、什麼是倉庫存放圖

企業倉庫所存放的物品，往往是種類繁多、不計其數。要在成百上千種庫存品當中，去尋找一些東西，若非對各種庫存品的儲放位置了若指掌，否則，就如同大海撈針般困難。

倉庫的物品管理如果僅僅依賴業務熟手，絕非好的管理方式，因為，畢竟這些熟手難免會生病、會受情緒的影響、會發生變動，到時接替或代理的人不被搞得頭昏眼花才怪。所以，最好的管理就是最簡單的管理。也就是要形成一種簡化的管理模式，任何人都能接替，而且輕鬆搞定，這樣才能算是好的管理。

但是，像倉庫管理員這樣的崗位，需要管理成百上千種物品，如何讓每一個新來的管理員都能很快地進入狀況，輕鬆上手，而不會出錯呢?其實目視管理中的「看板」就是一種最佳的管理輔助工具。可以根據具體的設置位置，分為大看板和小看板。

大看板通常放置在倉庫的入口處，可以將全倉庫的位置圖標示在這個看板上，任何人要到倉庫內取放東西，只要在大看板前看一眼，就可以知道自己需要的物品所在的位置見下圖。

圖 13-1　大看板—倉庫物品存放位置圖

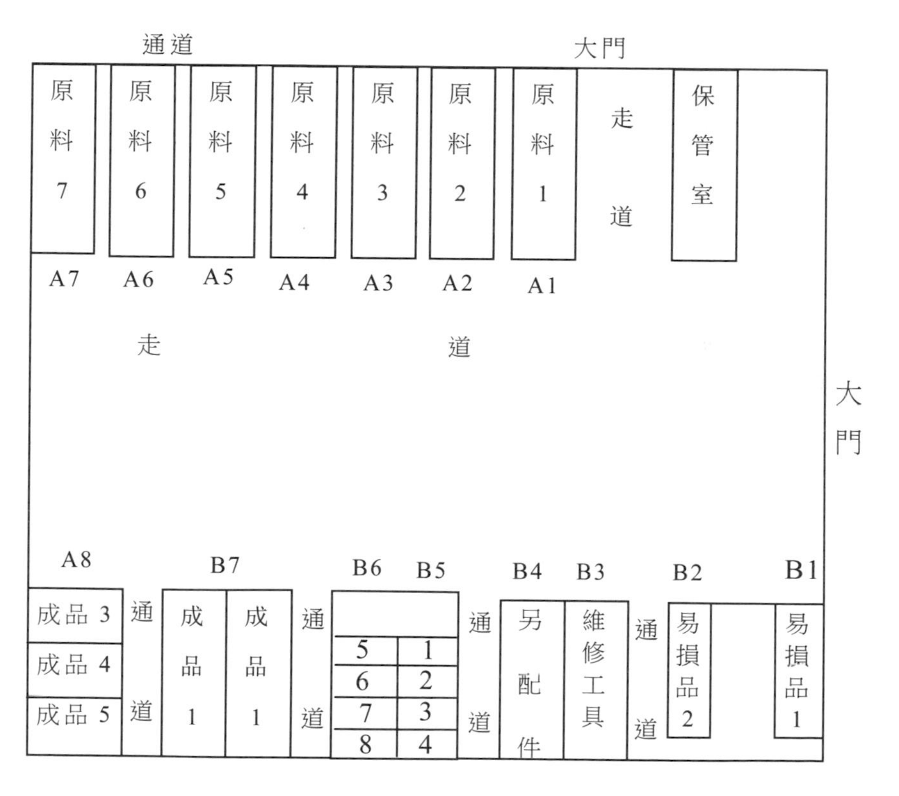

要是倉庫實在太大了，或是存放的東西分類太細，顯然一個大看板無法反映整個倉庫內的實景，這時大看板只能起到顯示大方向的功能，就得借用小看板來彌補大看板的不足。小看板就是在倉庫內的貨架上或是分類區域上，再設置一個小看板，把該貨架或本區域內所放

置的物品，按照儲位把它們給標示出來，以便於取放物品，見表 13-1。

倉庫區域標誌明確、責任人明確、各種管理看板也都配備齊全，讓人一眼就清楚倉庫的管理狀態。

表 13-1 小看板一 架物品存放位置

貨架號	貨架 3					
層　別	區域					
	1	2	3	4	5	6
C						
B						
A						

二、如何進行顏色辨識

倉庫管理有一個重要環節，就是庫存貨物的先進先出。這是因為有許多原材料是有使用期限的，像粉狀原料，時間一長就會容易受潮變質；像抗生素的藥力也會隨存放的時間而呈反比。如果這些原料不能做到先進來先用掉的話，那麼最後可能會變成一堆廢物。此外，還有一些物品雖然使用期限和存放的時間沒有絕對的關係，但是如果在存放的地點久不移動，也可能會受到環境因素的影響而變質。如包裝用的瓦楞紙箱，如果在倉庫裏被放上一年以上，再加上倉庫通風及採光不好，那些被壓在最底層的瓦楞紙，就可能會受潮而變軟，甚至爛掉。因此，對於此類物品要做到先進先出，就是要勤於搬動。當然勤於搬動也會帶來一些問題，因為一般倉庫的空間通常不太寬敞，在這樣擁擠的空間裏完成搬動的工作，肯定非常辛苦。再說人都有惰性，搬一箱、兩箱，一次、兩次，一般人或許還可以接受，如果要多搬一些，很可能就會敷衍了事了。

顯然此類問題出現，不利於做好物品的先進先出的，通常靠管理人員的督導來彌補這些缺陷。這雖是一個行之有效的辦法，但是僅靠管理人員到倉庫內去逐件核查，這種核查恐怕維持不久，一方面是因為管理人員不可能有太多的時間，另一方面，管理人員也會出現惰性。所以，最好的方法，是借用目視管理來幫忙，讓倉庫人員無法偷懶，同時，也便於管理人員的核查。以下三種方法可供參考。

表 13-2 各種材料有效期限表

序號	材料名稱	有效期限	備註
1	電子元器件	12 個月	例如：鋁電解電容、電阻、LED 燈等
2	塑膠材料	12 個月	例如：PC 材料、PVC 材料、ABS 材料、AES 材料等
3	五金衝壓件	6 個月	例如：鍍鋅板材、鋁型材料、銅質材料等
4	包裝用材料	6 個月	例如：彩盒、紙皮箱、墊板、牛皮紙等
5	膠著劑	按說明書指定期限	例如：快乾 502 膠著劑、UV 膠著劑、混合型膠著劑等
6	油脂和溶劑類	24 個月	例如：I 一 164 潤滑油、天那水、乙醇等
7	其他	按說明書指定期限	

1. 利用不同顏色的標籤來辨識

通常核查倉庫有沒有做好先進先出，是通過物品的外包裝上的標籤來辨識的。進入倉庫的物品，在它的外包裝上貼著一張標籤，標籤註明品名、規格、數量以及生產日期等。查看生產日期就可以辨識有沒有執行先進先出。但是要看標籤上的文字其實也是滿辛苦的差事，而且容易出錯的。如果將這些標籤彩色化，標籤的顏色隨著生產日期的不同而改變。例如白色標籤代表一月份生產、綠色標籤代表二月份生產、黃色標籤代表三月份生產、藍色標籤代表四月份生產等等。假設現在是三月，而倉庫出貨時是出的藍色標籤的貨，可是倉庫內仍存放有白色、綠色、黃色等標籤的物品，很顯然倉庫沒有徹底執行先進先出。這種依據顏色分辨的方式來掌握先進先出是比較理想的方法。

2. 利用有顏色的打包帶來辨識

有些物品不方便使用標籤，可以改用有顏色的打包帶。要求供應商依其生產日期的月份，採用不同顏色的打包帶來打包。就可以依打包帶的顏色，來掌握倉庫先進先出的執行狀況了。

3. 利用有顏色的封箱膠布來辨識

請供應商在封箱時，採用不同顏色的封箱膠布來封箱，也可以發揮和有顏色的打包帶一樣的辨識功能。

三、如何知道物品是否放對位置

我們要去拜訪某個朋友，通常是按照他的地址去尋找，某個地區、某個大街、某個小區、某個門棟，應該是會很容易找到；正由於門牌號碼是固定的，自己也不容易走錯了家門。

同樣道理，這種位址的觀念也可以應用在倉庫管理上。也就是給每一個放置物品的位置，編上一個位置代碼，有了這個代碼後，不但便於管理人員拿取物品，而且要將物品送回倉庫或是要補充新貨時，也很容易找到物品的存放位置。若能同時配合以下幾點，可以收到事半功倍之效：

1. 與大小看板搭配

大看板標示物品存放的大區域，小看板標示物品的分類。

2. 位置代碼的編排原則

位置代碼的編排方式，並沒有一定的標準答案，但是，不管用什麼樣的方式來編排，簡單、易懂、有順序這是三個基本的原則。

所謂的簡單，就是不複雜。也就是一般人不須要經過特別的訓練，就能運用自如：而易懂，指的是這種用法很容易為大家所瞭解：至於有順序，則是指很容易掌握住它們之間的先後關係，有助於全盤的瞭解與控制。而編碼原則，一般多採用字母和阿拉伯數字來組合表示。例如某物品是放在 A 區第 5 個架子第 3 層的第 8 個位置上，則可用 A—538 來代表。

四、如何通過目視做好液體類物品管理

大多數工廠生產過程中會用到一些油料，這些油料用肉眼有的很容易分辨，像機油、黃油等，可是有些就不太容易分辨了，如汽油和松香水。利用目視管理方法，就可以很好的對這類液體物品進行有效的管理。

1. 顏色管理

在容器上漆上不同的顏色，來代表容器所儲存的液體油料，例如，裝黃油的桶子漆上黃色、裝機油桶漆成綠色、裝齒輪油桶漆成藍色。這樣大家就很容易分辨。

2. 看板管理

光在油料的儲存桶上漆上顏色還是不夠的，因為大家雖然通過顏色的不同，知道容器裏裝的液體是不同的，但它們的差別究竟是什

麼，恐怕只有管油料的人才知道了。這種只有少數人才可以掌握的管理方式，是現在企業管理上所不認同。要如何才能減輕這種仰賴少數人的管理模式呢?在油料庫的旁邊，設置一個看板，將什麼顏色代表什麼油品，明確地加以標示，這樣任何人都能很輕鬆而且很正確的知道所有的物品資訊。

3.虹吸原理

一般工廠都是用密封的鐵桶來儲存油料，因此很不容易掌握住這些桶內油料的存量到底還有多少，什麼時候需要再補充，這對油料的管理是不理想的。其實，可以在每一個油桶上，割出一個長條狀，做出一個可以看到裏面存量的玻璃窗口，或是外接出一條透明的管子，當然這條管子要用耐酸城的材質，利用虹吸管的原理，可以從這條管子上，看出目前容器內的化學溶劑的存量還有多少。更進一步在這玻璃窗口或是這條管子上畫上一道紅線，標示最佳採購點的位置，有了這樣的設計後，更能容易的掌握住這個桶內的油料是不是該補充了。

五、如何通過目視知曉物品屬主

「賬物兩清」是企業非常重要的管理原則之一。這裏說的「賬物兩清」，不光是指倉庫管理，而是泛指到和原物料供應有關的各個單位。如果想要讓所有的部門都達到這種目標，理論上企業要提供合理的空間給這些單位，讓他們管好歸入自己名下的那些物品。

然而，實際情況卻是由於受制於一些條件，如場地太小、原物料的體積太大或太重等等，而使得這些原物料不易做到物隨賬轉，而只是帳面上做了轉移，物品還留在原地，這當然會影響到「賬物兩清」原則的執行。

其實，可以借用身份看板來幫助解除這種困擾。舉個例子說明，在某建築工地，鋼筋加工廠房進了 5 噸需要加工的線材，按材料驗收流程，這些線材應該先經過質檢部門驗收合格後入庫，當加工廠房要用時，再向倉庫領取。可是，由於工廠場地的限制，再加上 5 噸的線材，搬運起來並非易事。因此公司領導要求送貨的人員直接把這 5 噸的線材卸在加工工廠；卸完貨後，他們立刻在這批線材前豎置一塊「待檢線材」的牌子，有了這個標識，大家會知道這批線材尚未辦理入庫手續；當這批線材通過檢查後，這塊牌子上的「待檢線材」馬上會被換上「待領用線材」；當這批線材被倉庫領走之後，這塊「待領用線材」則會被「待制線材」所取代了。如此通過更換看板上的字樣，來表示這批線材不同階段的不同身份，簡便易行、又便於管理。

六、如何減少發錯貨物的機會

在激烈的市場競爭環境下，企業生產的品種、類別、數量隨時都會應市場的變化而發生變化，急活、小批量是家常便飯，這種「多種少量」、「以銷定產」的生產模式，對企業的經營是一種新的挑戰，加工企業除了一方面要隨著訂戶的要求對生產線進行調整，另一方面要解決這種「多種少量」給企業的產品出貨錯誤帶來的困惑。為解決這一問題，過去需要投入更多的管理人員來協助進行管理，然而效果並不理想，出貨錯誤屢屢發生，給企業的信譽帶來很大的影響，也影響到用戶生產計劃的完成。

所以，為了防範出錯貨所帶來的困擾，必須要找出一條解決的辦法。而最好的方法也就是借用目視管理來幫忙了。

1. 出貨看板

在貨物堆放的顯眼處，掛上出貨看板，上面註明貨物名稱、數量、送貨地點、接貨單位、聯繫人及電話等等，讓有關人員通過看板上的文字說明，就很容易的瞭解到，這一批貨是要送到那裏、那一個客戶。

表 13-3　出貨看板

序號	貨物名稱	數量	送貨地點	接貨單位、聯繫人及電話

2. 顏色打包帶

有顏色的打包帶，除了可以用來幫助掌握倉庫的貨品有沒有做好先進先出之外，更可以用在貨品的辨識上。針對不同批號或是不同客戶的貨物，採用不同顏色的打包帶來打包，這樣運貨人員很容易通過打包帶的顏色，來區分不同的客戶了。

七、通過目視知曉需要添加輔料

對生產線上材料的供應大多數採用的方式是領料或發料兩種：領料方式，就是按照生產計劃的安排，各生產單位派人到倉庫，把自己這個單位所需要的料給領回來；而發料方式，就是由倉庫管理人員，將各個生產單位所需要的物料，按照預先約定的生產時程，把物料送到生產線上。

如果採用領料方式，則每個生產單位必須要配置一名領料員，通常情況下，領料員同時還得兼做其他工作，這是為了精簡人員，提高人力的利用率。因此在管理上，一方面要避免領料員因工作繁雜而耽誤領料的時間，造成生產線斷料。另一方面，為了配合作業時間的考慮，各生產單位一般會在自己的工廠裏準備一處較大的待用材料放置區，來存放領回來的備用材料，這個待用材料放置區就會徒增不少的生產成本。

而採用發料方式就比較節省成本。因為，各生產單位不需自備領料員，而改由倉庫的專人來負責放料，如此一來，領料方式上所可能遇到的額外管理成本，如等待、走動、空間浪費等等，只要調度得當，都是可以減少和避免的。

由於發料方式是以少數人來應付多數人的需求，一旦協調配合不好，也會影響生產線的供料。如果採用缺料指示燈號及隨貨看板，就可以避免這方面的問題發生。當某一條生產線的料快用完時，操作人員只要按一下通知按鈕，缺料了的資訊就會經由缺料指示燈號通知倉庫。當倉庫人員通過信號燈的種類或顏色等，便會得知是那個工廠、那個生產線需要補充材料，他們就能夠以最快的速度，把所需的料給送過去，才不會影響到生產。

但是，如果倉庫管理人員在得知缺貨資訊時才開始備料的話，在時效上就會大打折扣；為了爭取時間，倉庫人員必須依生產計劃先把當天各生產線所需的料備妥，再來等待各生產線的訊號。由於倉庫同時要應付廠內所有的生產線，萬一弄錯的話，豈不更糟?為了避免忙中出錯，在備妥的每一批貨上，要掛上一個隨貨看板，以便標示出這批貨的內容及貨主，那麼，倉庫人員就很容易通過看板上的標示物歸原主，避免送錯貨了。

八、如何減少物品的出貨差錯

倉庫內的備品備件有千百種之多，而有些東西看起來幾乎是大同小異，一不小心，是很容易弄錯的，比如不同大小的螺栓；這些數量眾多的備品備件，在發貨的時候，如果一個個數的去清點，不但費時勞神，也會因人為的疏忽，使出錯的機率大大增加。如何把這種人為的疏忽降到最低?

1. 定量包裝

要求供應商在交貨時按照生產線上最適合的數量來進行包裝。例如某種螺栓零件在生產線上一天的使用量是 4000 套，分成 20 批來進行組裝緊固用，也就是每一批要用 200 套。考慮到這種螺栓的體積、重量，以及配合生產線的使用方便，每個包裝 100 套是最理想的組合，那麼就應該請供應廠商，採用 100 套一包的包裝交貨。

這樣生產單位來領這種螺栓時，只要拿 40 包，不管是倉庫或是生產線上的人，只要點 40 次就 OK 了，比要點 4000 次不知方便多少倍，而且數量也不易算錯。

2. 組群搭配

在生產線上同時可能會生產好多組產品，而這幾組產品裏，可能會有一些外觀看起來是非常相似，在這種狀況之下，很容易混淆。這個時候，可以利用組群搭配的方法，也就是將那些易被混淆的零件，依組別，分別漆上同一種顏色，利用顏色便於辨識的特性，減少發貨出錯。

九、如何減少尋找搬運工具的時間

勤於整理，是企業做好倉庫管理的必要條件之一。整理工作需要用到一些搬運工具，像堆碼機、油壓拖板車、台車等等。這些工具的體積不小，而且可循環使用，所以，不需要準備多套搬運工具。

在這種搬運資源不充裕的狀況下，管理就顯得更為重用了。因為，如果大家用完這些工具都是隨手一丟的話，那麼下一位需要用的人，就可能要到倉庫裏四處尋找，才能找到所要的搬運工具。這種行為不但浪費時間，也會影響到倉庫有限空間的使用。

採用「定置」管理是最好的方法，也就是給這些有限的搬運工具安排一個固定的家，大家要用的時候，就到那兒去拿，用完後物歸原處。當然，要發揮定置管理的功能，還要注意如下幾點：

(1)這個「家」不能妨礙倉庫的正常作業。比如把工具的家設在運輸的樞紐上，肯定是會影響到倉庫的運作的，所以，最好是設在倉庫的角落，或是倉庫相對寬敞的地方。

⑵除了定位之外，還要給每個「家」標上名字，讓大家知道這裏是儲放什麼工具的。

⑶搬運工具上要漆上代表倉庫的顏色，以免和別單位的搬運工具混淆了。

十、如何通過目視掌握物品出貨狀況

企業生產的產品，是否已經包裝備妥、要交給那些客戶、是否如期交貨、貨款是否如期收回，等等。這些資訊對企業的經營管理相當重要。如果企業已經全面電腦化，企業的局域網相當完善，這些資訊很容易從電腦的終端中得到；但如果企業沒有電腦化，而是要靠人來傳遞與追蹤這些資訊的話，那麼在時效上，恐怕就沒那麼快捷了。

因為，相關的人員不可能整天沒事幹，等著報告消息；而為了想要瞭解整個狀況，那只有一個一個的追蹤。

其實，在企業內設置一個「交貨狀況看板」，在這個看板上就能及時瞭解貨物的最新動態，見表 13-4。

表 13-4 交貨狀況看板

序號	客　　戶	品名及規格	數量	計劃交貨期	交貨狀況	備　註
1	康特萊公司	J023	1000	10/08	OK	
2	訊發製品廠	F036	2500	10/26		延遲 10 月 26 日出貨

十一、材料的身份看板

身份看板是證明該材料歸屬的看板，運用它可省略材料搬運、賬料不明的麻煩。適用於體積太大或太重，不易搬運、不易做到物隨賬轉的材料。看板上常為「待檢驗材料」、「待領用材料」、「待制材料」等。

例如，某傢俱廠進來了 30 噸即將要生產的木材，按規定這些木材應先經過品管部門判定後，方可入庫，當生產單位要用時，再向倉庫領取。可是，由於工廠倉庫場地的限制，再加上木材重達 30 噸，搬運起來，也不是那麼的輕鬆。所以，該工廠廠長要求送貨的人員，直接就把這 30 噸的木材，卸在生產線旁；卸完貨後，他們立刻在這批木材前，掛上一個「待檢驗材料」的牌子，有了這個標誌後，所有人都知道這批木材尚未辦理入庫手續；當這批木材透過檢查，這塊「待檢驗材料」的牌子，馬上換為「待領用材料」的牌子；當這批木材被倉庫領走之後，這塊「待領用材料」的牌子，則會被「待制材料」這塊牌子所取代。

十二、最快捷找到物品的存放位置

由於倉庫的備品備件種類繁多，不同的區域，不同的品種，不同的規格，會讓倉庫人員十分頭痛，要快速的找到所要物品的存儲位置，也是一件苦差事；可以採用目視管理原理，給物品裝上位置信號燈。在倉庫的料架上，設置了一個物品選定裝置，同時，在料架的每一個儲位上，裝有一個信號燈，只要將所想要的物品的代號，輸入這個物品選定裝置後，所有存放與生產該產品所需零件的存放位置上的指示燈就會同步閃亮，倉庫人員只要從這些亮燈處去取料，就不會拿錯，每取完一種原物料，倉庫人員只需順手把這個燈給關掉，可以減少重覆取料的失誤。

十三、不合格品的目視管理應用

不合格品應區別於其他產品、物料而單獨放置，以免被工作人員誤用。而區別的最好辦法是實行定位並標示。

在各生產現場(製造/裝配或包裝)的每台機器或拉台的每個工位

旁邊，均應配有專用的不合格品箱或袋，用來收集生產中產生的不合格品。同時要專門劃出一個專用區域用來擺放不合格品箱或袋，該區域即為「不合格品暫放區」。此區域的不合格品擺放時間一般不超過 8 小時，即當班工時。

各生產現場和樓層要規劃出一定面積的「不合格品擺放區」用來擺放從生產線上收集來的不合格品。

所有的「不合格品擺放區」均要用有色油漆進行畫線和用文字註明，區域面積的大小視該單位產生不合格品的數量而定。

QC 判定的不合格品，所在部門無異議時，由貨品部門安排人員將不合格品集中打包或裝箱，由 QC 在每個包裝物的表面蓋「REJECT」印章後，由現場雜工送到「不合格品擺放區」，按類型堆疊、疊碼。

QC 判定的不合格品，所在部門有異議時，由部門管理人員向所在部門的 QC 組長以上級別的品質管理人員進行交涉，直至品質部經理。

該批貨物若不能在兩小時內解決時，由 QC 部掛「待處理」標牌；現場派雜工將貨物送到 QC 指定的位置擺放，該批貨物最終如何處理，由品質部向上級尋求處理意見。

第 14 章

模具工具的目視管理方法

一、建立模具使用檔案

僅從外觀上來辨識模具，是很難掌握它們的內在的實際狀況，像模具的沖子是否應該更換、這副模具已經生產了多少個零件、模具的使用壽命還有多長等等。

為了一目了然地知道模具的內在品質，我們可以為每一副模具建立一個檔案，稱其為模具履歷表，並詳細的加以記錄、登記，任何人都可以通過這個檔案隨時瞭解模具的使用狀態，見表 14-1 及表 14-2。

表 14-1　模具履歷表（正面）

機種名稱		統一編號	
規格		模具編號	
零件圖號		使用衝床	噸
製造日期	年　月　日	沖件材質	
模貝類別		材料規格	
沖取數/次		日產量	
模具材質		模具壽命	
製造廠商		折舊年數	
成本製造成本		報廢日期	
售價		模具費分攤方法	年　月　日
零件略圖：		備註：	

表 14-2　模具履歷表（背面）

生產數量（每　　個月調查一次）：							
次數	年月日	生產數	累計數	次數	年月日	生產數	累計數
1				9			
2				10			
3				11			
4				12			
5				13			
6				14			
7				15			
8				16			

模具各項修理記錄					
年　月　日	修理內容	修理費	年　月　日	修理內容	修理費

二、採用定位法給模具定位

採用定位法給模具定位，就是給模具規劃一個「家」。這個家就是要讓每一副模具，有固定的放置場所，還要讓使用者能輕鬆地找到他們所需要的模具，以及用畢後又能迅速物歸原處。

那麼，這個「家」是怎樣來規劃呢?其實利用現場管理的 5S 中的「整頓」原則，就是「定位」加上「標籤」，就可以做得很好了。

「定位」就是給每一副模具安置一個固定位置，這一點是十分重要的。因為，模具都有相當的噸位，有了固定的位置之後，不但可以便於儲存，同時還可以減少搬運和找尋的次數：至於位置規劃，依模具的功能、客戶、產品等原則來決定。

「標籤」就是把模具的代號，寫在模具本身以及模具的存放位置上，當然字要寫在面對人行通道的這一面；根據需要還可以配上大、小看板，模具的管理就更完備了。

三、用繪圖法減少工具遺失

工具是工廠的生產器具之一，可是，有些工廠的工具重置率非常高，原因並非用久、用壞了而需要重新再補充，而是忘了放到那裏，沒有它們，會造成工作上的不方便，只好再買了。

為什麼會出現這樣的問題呢?一方面，由於一般的工具價格都不會很高，所以，不少管理幹部把它們當成半消耗品，不見了就打報告申請購買；另一方面，是這類的工廠缺少一個有效的工具管理辦法。

工廠內的工具，通常分成兩大類，一是個人專用工具，一是公用工具。

個人專用工具，可以在工具上漆上代表這位員工的顏色。舉個例子來講，黃色是代表李四，那麼就在所有李四的個人工具上，都漆一道黃色，這樣就不容易和別人的工具混淆。

「遺失」和「尋找」這是一般工廠公用工具經常出現的兩大問題。究其原因，就是沒有給這些公用工具，安置一個固定而且易辨識的「家」，使得員工不知道如何來安置這些公用工具。那麼基於自身的方便，拿到那裏，就用到那裏；用到那裏，就丟到那裏的現象，就會在工廠內反覆出現，造成作業上的困擾。

在這種情況下，因工具不知被丟棄到那裏的機會當然是非常高，當下一次要用到它們時，當然得花時間去找了，更糟糕的是它們很可能被丟棄在工廠某一個角落裏，除非是工廠來個大掃除之類的活動，否則它們可能永無光明之日。

為了解決這個問題，可以使用「繪圖法」來管理公用工具，也就是按照工具的形狀，描畫在一個看板上，再塗上工具的影子，在每一個工具的「影子」上再釘上一根掛鈎。用完工具後就很容易的按圖索驥，將工具掛回看板。

四、採用木模法給模具定位

一般的工具可以運用繪圖法通過目視管理來進行工具的定置管理，但對於切削刀具，因其體積較小而且刀口又怕被碰撞而壞掉，如果也採用繪圖法來管理的話，就不見得很理想。

怎樣讓切削刀具能有一個安全、固定，而且又易分辨的「家」呢?木模法就是一種非常理想的設計。

什麼是木模法呢?就是在放置切削刀具的架子上，放上一塊木板，而在這塊木板上，先按照各種切削工具的大小、外形先加以雕刻出一個凹坑，這些切削刀具，就很容易放回原位了。

這個「家」不但是相互獨立，同時，又因為凹陷在木板內，所以也可避免彼此碰撞，而減少刀口被碰鈍、碰壞的機會。這種方法雖然稱之為木模法，可是，並不一定非要用木頭製作，也可以改成其他軟性的材料製作而成，一切力求方便，易於操作。

五、工具的目視管理

1. 個人專用工具漆上顏色

工廠內的工具，通常分成兩大類，一是個人專屬工具，一是公用工具。

工具最好能夠按需要分類管理，如平時使用的錘子、鐵鉗、扳手等工具，可列入常用工具，集中共同使用，個人常用的可以隨身攜帶，對於一些生產換線、機械設備等專用工具，應獨立配套。

上面提到公用的工具可以利用「形跡管理」來管理，而個人專用工具的管理問題在於「大家弄不清到底某一工具，究竟是誰的」。

因為有許多工具，每一個人在作業上都需用到，所以，它們就變成了大家的標準配備。由於它們都是一樣的，萬一被混用了，就不易分辨出誰是它的主人，也因為有些員工對個人工具的管理漫不經心，自己的不見了，就順手拿別人的工具來用，從而造成一些不必要的困擾。

為對此進行有效管理，可在工具上漆上不同的顏色，用顏色來代表誰是這件工具的主人。

除了個人專用工具之外，其他歸屬個別部門的工具，也可以利用這種方式，來標示責任的歸屬，以解決工具管理上的問題。

2. 勾畫形跡管理公用工具

「遺失」和「找」，這是一般工廠公用工具經常出現的兩大困擾。沒有替這些公用工具安置一個固定而且易辨識的位置，使得員工不知道如何來安置這些公用工具。因此，基於自身的方便，拿到那裏，就用到那裏；用到那裏，就丟到那裏的現象，就會在工廠內不斷地出現，造成作業上的困擾。

在這種情況之下，工具不知被丟棄到那裏的機會自然非常高，當下一次要用到它們時，就得花時間去找了。

為了解決這個問題，可運用「形跡管理」法來管理公用工具。

「形跡管理」就是把工具的輪廓勾畫出來，讓嵌上去的形狀來作定位標誌，讓人一看上去就明白如何歸位的管理方法。

具體做法為：按照工具的形狀，描畫在一個看板上再塗上陰影，同時，在每一個工具的「形狀」上，釘上一根掛鈎。用完工具後，就能很容易地按圖索驥，將工具掛回看板。

形跡管理可以讓員工清楚地知道工具的擺放位置，並且杜絕了工具放錯位的現象，什麼時候少了一把也一清二楚。

六、運用顏色管理加蜂鳴器掌握儀錶

一般機器上的儀錶，是用來顯示該機器某個部位的狀況的。這些儀錶，一般都是用數字或是刻度的方式來表達，這也是一種目視管理的方法。但每一個儀錶所表達的意義不一定一樣，儀錶又是靜態的，而且一般儀錶的體積又不大，所以，很容易產生辨識上的困難。

為了增強儀錶的易辨性與功能性，也為了讓員工能共同掌握它們，在必要時能立即處理，應該要強化傳統的儀錶數字或刻度的表示方法。

可在儀錶板上漆上不同的顏色，用顏色來代表各種程序，以引起注意。

另外，可以在機器的明顯部位，裝置一個和儀錶相連的蜂鳴器，當儀錶的指標走到某一個管制點時，這個蜂鳴器會同步發出閃光及聲響，透過閃光及聲響，現場人員就可以對這台機器作正確而且快速的掌握與處理。

七、責任者看板和日常保養檢查看板

一般機器的保養依保養程度不同分成三級，而最基礎級的日常保養，都是由現場的作業人員來負責。

到底作業人員有沒有做好機器的日常保養，以及每台機器的日常保養應該由誰負責？若管理者不能有效地掌握這些情況，就無法做好日常保養，而且，日常保養如果做得不徹底，對產品品質以及機器壽命，都會有負面影響。而讓現場的作業人員重視這種日常保養工作的最佳方法還是目視管理。

1. 責任者看板

將機器保養者的姓名，張貼在機器上易於看到的地方，讓大家能很容易地知道，誰是這台機器的「保姆」。一般人基於面子的考慮，會比較重視所管轄機器的日常保養(如表 14-3 所示)。

表 14-3　設備管理及區域責任看板示例

設備(區域)名	責任人	保養要求	日期

2. 日常保養檢查者看板

這個看板分成兩個部份，一是日常保養檢查表(如表 14-4)，透過這張表瞭解該員工有沒有執行日常保養的工作；二是保養部位及方式說明書(如表 14-5 所示)，這部份的目的，是讓機器操作人員更瞭解日常保養的方式與部位，有利於保養工作的完成。

另外，如果員工們還不能主動利用空當時間，來執行保養工作的話，最好能在上班一開始，或是下班前，抽出一小段的時間，全廠一起進行日常保養，相信會讓這項工作做得更好。

表 14-4　保養檢查看板示例

<table>
<tr><th colspan="3">保養檢查看板</th></tr>
<tr><td>機台</td><td></td><td rowspan="2">保養狀況：</td></tr>
<tr><td>保養人</td><td></td></tr>
<tr><td colspan="3">檢查要點：</td></tr>
</table>

表 14-5　機器保養看板示例

<table>
<tr><td colspan="4">機器保養看板</td><td rowspan="4">備註：</td></tr>
<tr><td>生產線</td><td></td><td>保養部位</td><td></td></tr>
<tr><td>保養人</td><td></td><td>保養方式</td><td></td></tr>
<tr><td>日期</td><td></td><td>保養要求</td><td></td></tr>
</table>

八、模具離庫的看板掌握狀況

模具的離位，通常是有其原因的，例如，被其他單位拿去使用、被模具單位借去試模、故障送修等等。而模具管理人員要管的事實在是不少，而且模具進進出出，模具倉庫的機率又非常的高，如果模具管理人員對模具的動態無法有效掌握，就像人來車往的十字路口沒有紅綠燈，那麼模具的管理就很容易陷入混亂的局面。

製作一個模具離庫看板，只要模具一離開它存放的位置，就把離開位置的原因、到何處去，以及預計什麼時候歸還等寫在這個看板上，當模具歸位後再取下這個看板，這樣就能很容易掌握住模具的動態了，見表 14-6。

表 14-6　模具離庫看板

年　月　日

模具名稱	離庫原因				預計回庫日	備註
	生產中	外借	送修	其他		

第 15 章

品質管制的目視管理方法

一、利用樣品界定允收範圍

產品品質一般都有一個判定標準。但有些標準卻是不容易制定出來的，如產品的外觀、色差等在判定時，會受到判定者主觀意識(如喜好、心情等)的左右。這時，可以界定一個允收範圍並提供樣品，讓判定者的主觀意識有一個緩衝區域。

舉例來說，若生產的應急燈外觀的色澤是綠色的，那麼，就請買方提出他們可以接受的程度：最綠到什麼程度，而最淺又是到什麼程度，當然還要提供顏色的色樣及樣品，有了這樣的色差的上下限及樣品之後，廠內在生產的時候，就會有了一個明確的比對。

二、易發生錯誤展示看板

即在工廠內，設置「易生錯誤展示看板」，將作業過程中，容易出錯或是產生不良品的地方，用實物的方式，將這些不良或錯誤的現況，張貼在這個看板上，讓大家用看的方式來代替用聽的方式；看多了，作業人員自然會有深刻印象，有助於工作的改善。不良展示看板可以設計成如下方式(如表 15-1 所示)：

表 15-1　不良展示看板

		不良品						
		項目	1	2	3	4	5	……
品質管制重點		樣品						
		說明						

三、不良追蹤看板

企業常利用傳票的方式來處理品質異常，如「不良品處理單」之類，將發生不良的原因、數量、日期等填寫在上面，然後再連同不良品一併交由有關部門處理。

這種方式沒有時效及責任的壓力，若遇到作業員懶得填寫傳票，則常會發生處理慢半拍甚至問題不了了之的現象。

因此，不良品或異常現象的處理，應採取公開式的看板來進行追蹤，將問題點、負責人等凸顯在「不良追蹤處理看板」上(如表 15-2 所示)，讓問題點沒有解決，就一直呈現在每個人的眼前，從而發揮共同督促的管理功能。

表 15-2　不良追蹤處理看板

不良原因圖示	解決對策	責任者	預計處理完成日期	處理狀況	備註

四、產品品質檢驗看板

由於造成品質不良的原因有好多種，企業除在各方面都加強要求之外，往往會做抽檢，甚至於全檢來把關。

但企業要生產的東西非常多，而每一種產品要掌握的重點又不一樣，面對這種多且雜的工作內容，又不能出錯，品檢人員工作壓力之大，就可想而知了。

既能減輕品檢人員這方面的工作壓力，又能確保其工作品質的方法之一是利用「產品品質檢驗看板」(如表 15-3 所示)，將要抽檢或全檢的產品的檢驗要點，張貼在這個看板上；如果這項產品的品質檢驗重點分成一般要點及特殊要點，可在這個檢驗要點看板上，做出特別的記號，以加強檢驗人員的注意。

表 15-3　產品品質檢驗看板

產品品質檢驗看板	
檢驗產品：	型號：
檢驗要點：	

五、利用目視管理減少品管的重覆工作

對於中小型企業而言，由於生產技術和管理水準方面的原因，生產過程中產品的零不良率幾乎是不可能的，加上工廠發生產品不良的原因多種多樣的，因此出現了不良品，除非是已經被列為報廢品，通常這些企業還是會以重新加工的方式加以修補。一般而言，工廠負責判定產品品質的人與重新加工的單位，是不同的單位，因為，一旦出現裁判兼球員的情形，很容易造成管理的死角。

既然不良品的產生原因相當多，負責品檢和執行重新加工又分屬不同單位的人員，所以當品檢人員在判定品質時，如果沒有將不良品

依原因給區分得很清楚的話，重新加工的人員勢必得再花一次時間，對那些不良品進行不良原因的判定工作。這種再花一次時間的行為，在管理上就是一種成本上的浪費。

那麼，有沒有什麼樣的方法，可以減輕這種無謂成本的支出呢？設置一個依不良原因區別的不良品暫放區，這個暫放區可以依物品的性質設計成架子式或櫃子式，讓品檢人員在判定產品不良的同時，順便做好分類的工作，這樣重新加工人員就很容易通過這個依不良原因區別的不良品暫存區，瞭解到這些待重新加工不良品的問題點，就可以減少重新判定不良原因的時間。

六、用不良追蹤看板有效地解決品質問題

針對問題點的出現，如果只是「知道了」，卻不採取實際行動，那是沒有用的。企業大多是利用傳票的方式來處理異常件。例如「不良品處理單」之類的傳票，將發生不良品的原因、數量、日期等填寫在上面，然後再連同不良品一併交由有關單位處理。這種傳票處理方式最怕遇到作業人員懶得填寫傳票，再加上這種方法是在非公開場合來進行的，比較沒有時效及責任的壓力，常會發生慢半拍或落入不了了之的結果。

因此，不良品或異常現象的處理，應採取公開式的看板來進行追蹤，將問題點、負責人等曝光在「不良追蹤處理看板」上，讓問題點一天不解決，就一天呈現於每個人的眼前，發揮共同督促的管理功能，見表 15-4。

表 15-4　不良追蹤處理看板

年　月　日

不良原因	解決對策	責任者	預計完成日期	處理狀況	備註

七、如何降低主觀因素對貨物驗收的困擾

產品品質一般都有一個判定的標準。可是有些標準卻是不容易訂出來的，像產品的外觀、色差等等。這些項目在判定時，會受到判定者主觀的意識，如喜好、心情等的影響。這時如果界定一個允許接收範圍，就可以讓判別者的主觀意識有一個緩衝區域。

例如，如果產品的色澤是紅色的，那麼，就請買方提出他們可以接受的程度：最紅到什麼程度，而最淺又是到什麼程度。當然最好還要提出顏色的色樣，有了這樣的色差上下限之後，工廠在生產的時候，就會有了一個明確的對比和參照依據。

八、用展示板來降低出錯機率

管理人員常常碰到這樣的問題，那些管理的要點，重覆了多少遍，仍然有些作業人員無法掌握，這樣的結果確實讓管理人員大傷腦筋。

俗話說「眼見為實」，有的時候用看的，可能要比用聽的來得有效。因此，可以在企業內設置一個「易生錯誤展示看板」，將作業過程中，容易出錯或是產生不良品的地方，用實物的方式，將這些不良或錯誤的現狀，張貼在這個看板上，讓大家用看的來代替聽的，看多了就會在腦海裏留下深刻的印象，有助於工作的改進和提高。

九、如何協助品管人員掌握檢驗重點

如何確保產品的品質，這是現代企業都非常重視的一個環節，由於造成不良的原因有好多種，所以企業對生產的各個環節都有嚴格的要求。除此之外，往往還會做人工抽檢，甚至於全檢來進行質量把關。

由於企業要生產的東西非常的多，而每一種產品要掌握的重點又不一樣，面對這種多而雜的工作，而且又不能出錯，品檢人員工作壓力之大，就可想而知了。

如何減少品檢人員這方面的工作壓力，而又能確保其工作品質呢?利用「產品品質檢驗看板」，將要抽檢或全檢的產品的檢驗要點，張貼在這個看板上；如果這項產品的品質檢驗重點可以分成一般要點及特殊要點，也可以在這份檢驗要點上，做出特別的記號，來加強檢驗人員的注意。

相信有了這個看板後，將有助於品檢人員掌握各項產品的品管重點，即便品檢人員發生困擾時，亦可有章可循。

十、品質目視管理方案

（一）目的

為了有效防止在生產現場出現操作失誤，減少品質問題，提高生產品質的視覺化程度，及時處理異常情況，特制定本方案。

（二）適用範圍

本方案適用於生產現場品質目視管理活動。

（三）品質目視管理目標

1. 避免由於「人為失誤」導致的品質問題。
2. 重要管理項目可「一目了然」。
3. 所有人可通過標識正確判斷產品品質。

（四）不合格品目視管理

1. 不合格品區域規劃

由目視管理小組對不合格品的擺放進行規劃，防止不合格品與合格品的混放，具體方式包括以下兩種。

⑴不合格品擺放區，擺放從生產線上收集的不合格品。

⑵不合格品暫放區，在每台設備或每個工位旁邊，收集生產過程

中的不合格品，存放時間不超過八小時，定時對暫放區進行整理，將不合格品統一收集到不合格品擺放區。

2.不合格品標識

⑴當產品經質量管理部門檢驗，判定為不合格品後，由現場物控人員將不合格品集中打包，並在包裝物表面印蓋「REJECT」標識。

⑵對於產品是否合格產生異議時，應在問題產品擺放處懸掛「待處理」標牌，由質量管理人員進行調查，尋求處理意見。

3.不合格品區貨品標識

不合格品區內的產品應按照處理方式的不同進行分類打包擺放，並標識，具體貨品標識及處理說明如下表所示。

表 15-5　不合格品區貨品標誌說明

標識字樣	處理說明
報廢	由現場物控人員將帶有「報廢」字樣的不合格品運送到工廠內劃定的「廢品區」進行處理
返工	物控人員將帶有「返工」字樣的不合格品返還相關責任人，由責任人進行返工、返修、挑選及選擇性重新生產
條件收貨	取消不合格標識，包裝物表面的不合格標識應用綠色膠帶進行覆蓋

（五）看板品質目視管理

1.不良品展示看板

由目視管理小組製作「不良品展示看板」，將作業過程中容易產生錯誤或是產生不良品的地方用實物的方式進行展示，具體如下表所示。

表 15-6　不良品展示看板

產品名稱	合格產品樣品實物	不良品					
		項目	1	2	3	4	…
生產及品質控制要點	1. 2. 3. ……	樣品					
		說明					

2. 不良追蹤看板

目視管理小組製作「不良品追蹤處理看板」(如下表所示)懸掛在生產現場的醒目位置，由質量管理人員與現場操作人員按照不良品情況如實填寫。

表 15-7　不良品追蹤處理看板

年　月　日

不良原因圖示	解決對策	責任人	預計處理完成日期	處理狀況	備註

3. 產品品質檢驗看板

目視管理小組負責在產品檢驗區域張貼品質檢驗看板，提醒檢驗人員檢驗要點，具體如下表所示。

表 15-8 產品品質檢驗看板

檢驗產品		型號	
檢驗要點			

（六）用品質不良排行板來提升供應商的品質

企業越來越重視品質了，當然是一件好事，要把產品的品質做好，需要搭配的條件有許多種，而供應商是否重視品質，這往往也是決定產品品質成敗的關鍵因素。

如何能讓供應商重視其品質呢？面子管理不失為一種好方法，根據馬斯洛的人類需求理論，人是社會中的一分子，為了想在社會中受到尊重，一定會有一個共同的意念，就是不能表現的比別人差，否則，面子就掛不住。

基於這一點，可以在品管單位的辦公室外，容易看到之處，設置一個「當年度供應商品質不良十大排行板」(當然，不一定是選十大，可視狀況而定)，見表 15-9。將不良供應商的大名，依次給公告出來，讓其他的供應商一進入品管單位的辦公室，就能看得到。

被刊上大名的供應商的老闆當然也愛面子，相信沒有一位老闆願意看到自己公司被公告在這個看板上，反而會督促內部做必要的改進。同時，這種做法也會激勵其他的供應商，不要上榜。顯然最好所有的供應商都不要上榜，這表示產品的品質將會得到更進一步的保障。

表 15-9　　年度供應商品質不良十大排行板

月份 名次	1	2	3	4	5	6	7	8	9	10	11	12
1												
2												
3												
4												
5												
6												
7												
8												
9												
10												

心得欄 ------------------------------------

第 16 章

勞動安全的目視管理方法

一、目視管理就是全員參與

發電廠在辦公室的大樓頂上設置了一個交通號誌燈。當然，這個交通號誌燈，不是用來指揮廠區內的交通，而是工廠除塵設備運行狀況的顯示器。綠燈亮的話，表示除塵器運行正常；如果黃燈亮的話，表示除塵器處於檢修狀態；如果是紅燈亮的話，表示除塵器運行不正常，一定是某個方面出了問題。

政府在很多區域要新建汙水處理設施，都是為了能夠擁有穩定的水質及水量。而在很多企業，為瞭解決用水問題，大都會自備蓄水池，同時也會用各種監測方法，來確保蓄水池內水量、水質的狀況。這種監測通常由專人負責，如果能把這種監測工作變成一種「全員運動」的話，也就是通過大家的雙目，一齊來幫忙監督，相信工廠的管理會做得更好，例如也豎立一個類似的信號燈，來反映當時的水量、水質狀況。

由於這些個號誌燈位於全廠的明顯處，所以，大家很容易透過目視，一齊來監督工廠的管理工作，督促和幫助工廠解決出現的問題，這就是全員參與管理的優勢所在。

目視管理的安全管理是把危險的事物予以顯露化，刺激人的視覺，喚醒人們的安全意識，以便防止災難事故的發生。

目視管理的安全管理要點：

1.注意有高低、突起的地方。

操作方法：使用油漆或螢光色，以便刺激視覺。

2.設備的緊急停止按鈕設置。

操作方法：設置在容易觸及的地方，並設有醒目標記。

3.注意車間、倉庫內交叉的地方。

操作方法：設置凸面鏡或「臨時停止腳印」圖案。

4.危險物的保管、使用嚴格按照有關規定實施。

操作方法：把有關法律規定醒目地張貼出來。

二、要讓員工知道何處是禁區

生產工廠的作業現場內，有一些地方，像機器運作半徑的範圍內、高壓供電設施的週圍、有毒物品的存放場所等等，如果員工不小心的話，是很容易發生傷害事故的，所以，基於安全上的考慮，這些地方都被規劃為禁區。

大多數員工都知道要遠離這些個禁區。可是，時間一久，大家的警覺性會降低，意外的、潛在的事故發生率會在無形中增加。

如何防範意外的發生呢，以下目視管理的方法，可以供大家參考：

⑴在危險地區的週邊上，築起一道鐵欄杆，即使人們想進入也無路可走；鐵欄杆上最好再標示上「危險禁入」的文字警語。

⑵如果沒辦法架設鐵欄杆，則應該在危險的部位，漆上紅色，代表危險，讓靠近者提高警惕。

三、如何增強員工危機應對的能力

在非上班時間，萬一有意外發生，警衛或是值班人員除了立即報警之外，還應該及時通知值班領導。

如果在警衛室或值班室內設置一個「緊急聯絡電話看板」，將相關的聯絡對象的電話號碼和主要事故處理流程給標示出來，有助於警衛或是值班的人員，提高應付緊急事件的應變能力。

表 16-1 緊急聯絡電話看板

單位	負責人	手機	辦公室電話	住宅電話
事故處理流程： 1. 火災 a. 瞭解火情，迅速向上級報告，並打火警電話。 b. 組織力量滅火，救人。 2. 盜匪警… 3. ……				

四、如何提醒員工重視自我安全

每一位上班族都希望每天能快快樂樂上班、平平安安回家。當然，任何一家企業的管理者，也不願意看到任何意外事件的發生。

如何防止企業內部意外事件的發生，其實這是一件滿困難的任務。因為工廠是人、物、設備的集合體，意外事件發生的幾率，雖然比一般家庭大得多，但真正發生的機會又不大。所以很容易被大家所忽略。然而一旦發生意外，其後果卻是無法估計的。所以工廠意外事件的防範，絕對不能掉以輕心。

以下幾種方法可以提供參考：

1. 安全標語

張貼安全標語，提醒大家對安全的重視，降低意外事件的發生率。

2. 標準作業看板

透過標準作業看板，給大家在作業時，能有一個安全的示範，以避免意外事件的出現。

五、安全作業看板

（一）安全標語和標準作業看板

工廠是人、物、設備的集合體，意外事件發生的幾率，比一般家庭大得多，但真正發生的機會又不大，所以很容易被忽略。但一旦發生意外，其後果卻是無法估計的，所以工廠意外事件的防範，絕對不能掉以輕心。

在工廠的各個地方張貼安全標語，提醒大家重視安全，降低意外事件的發生率。

（二）安全圖畫與標示

生產作業現場內，有一些地方，如機器運作半徑的範圍內、高壓供電設施的週圍、有毒物品的存放場所等，如果不小心的話，很容易發生傷害，所以，基於安全上的考慮，這些地方應被規劃為禁區。

大多數員工知道要遠離這些禁區，但時間一久，警覺性會降低，潛在的意外發生率則無形中在增加。所以一定要採取目視的方式時時予以警示。

⑴在危險地區的週邊上，圍一道鐵欄杆，讓人們即使是想進入，也無路可走；鐵欄杆上最好再標示上如「高壓危險，請勿走近」的文字警語。

⑵若沒辦法架設鐵欄杆，可以在危險的部位，漆上代表危險的紅漆，讓大家心生警惕。

（三）畫上老虎線

在某些比較危險，但又容易為人所疏忽的區域或通道上，在地面畫上老虎線（一條一條的黃黑線斑紋），借由人對老虎的恐懼心，來提醒員工注意，告訴員工，現在已經步入工廠「老虎」出沒的地區，為了自身的安全，每個人都要多加小心。

六、讓消防器材最大限度的發揮作用

消防栓、滅火器這些東西是救命寶貝，平常最好備而不用，可是，萬一需要用時，又往往要分秒必爭。由於一般企業用到它們的機會，實在是微乎其微，因此，很容易讓人忽視它們。這實在是一種非常不明智且危險的行為。這些消防器材應該善加管理，以備不時之需，以下幾點供大家參考：

1. 定位

滅火器等消防器材，要找一個固定的放置場所。當意外發生時，大家可以立刻找到滅火器。此外，假設現場的滅火器是懸掛於牆壁上，當滅火器的重量超過 8 公斤時，滅火器與地面之距離，應低於 1 米；如果重量在 8 公斤以下者，其高度不得超過 1.5 米。

2. 標識

工廠內的消防器材，常被其他物品擋住。這一遮住，勢必延誤取用的時機。所以，最好在放置這些消防器材的地方，設立一個明顯而不容易被遮住的標示看板，來增加它們的能見度。

3. 禁區

消防器材前面一定要保持暢通，才不會造成取用時的阻礙。所以，為了避免其他物品的侵入，在這些消防器材前面，一定要規劃出安全區，並且畫上禁行線，提醒大家共同來遵守安全規則。

4. 放大操作說明

通常是非常緊急的時刻才會用到消防器材，這時候人難免會慌亂，恐怕連如何使用這些消防器材都給忘了。所以，最好是在放置這些消防器材的牆壁上，貼上一張放大的簡易操作步驟說明圖，供大家緊急時來參考使用。

5. 明示更藥日期

注意滅火器內藥劑的有效期限是否逾期，而且，一定要按時更新，才能確保滅火器的有效性。把該滅火器的下一次換藥期，明確地標示在滅火器上，讓大家共同來注意安全。

七、如何強化行進中機器的警示效果

在馬路上開車時，看到或是聽到警車、消防車、救護車等這些特種車輛的警示燈亮起時，都會設法將車子靠向右邊，讓它們優先通行。

其實，堆高機也可以算是企業內的特種車輛，由於它們可以有很大、很高的負載量，所以，在工作中，駕駛人的視線往往會被它所載運的貨品所擋住，看不到四週的人與物。基於安全上的考慮，遇到行進中的堆高機，一定要多加留意。以下是對堆高機安全管理的做法：

1. 堆高機的本身

在堆高機的車頂上，安裝一個類似救護車上的警示燈，堆高機行走時，這個警示燈不但會一直在閃爍也會發出嗚嗚的聲響，來提醒週邊人員的注意。

2. 通道上

在工廠通道的轉彎處，依堆高機行進的半徑範圍，畫上一條弧狀的線，並線上的外側，畫上一雙腳印，這雙腳印的作用是：遇到堆高機開過來時，為了自身的安全，請站在這個腳印上，讓堆高機通過後再前進。

八、限高防撞標示

場地不夠用，許多企業就會動「夾層屋」的腦筋，即向高空發展。因為一般工廠的廠房，比普通的建築物的高度挑高許多，所以，這種夾層屋可以說是一種充分利用空間的好方法。

但它本身也會給企業帶來一些負面的作用，最主要的就是搬運的問題了。因為這種「夾層屋」把廠房的高度給截半了，所以，搬運高度就受到限制。如果搬運的人沒有注意到高度的限制的話，很可能會碰撞到夾層屋，所以最好運用目視的方法讓搬運的人注意到高度的限制。

假設廠房內搬運的高度是設限在 5 米，在通道旁的牆壁上，從地面上量起 5 米的地方，畫上一條紅線，讓搬運人員目測判斷，他所運送的物品高度是否超過了紅線(5 米處)。

在通道，設置防撞欄網，這個網的底部，距離地面的高度，剛好是 5 米，當運輸的物品高度，如果超過 5 米，會先碰到這個欄網；碰到時，這個欄網並不會損害到所搬運的物品，但它卻會發出一個信號，讓搬運的人，很容易地知道已經超過限高，從而採取相應措施。

九、現場架空屋的安全防護

場地不夠用，這是大多數企業共同的困擾。因此，有些企業就會動「架空屋」的腦筋，也就是向高空發展。由於一般工廠的廠房比普通建築物的高度要高許多，所以這種架空屋可以說是一種充分運用空間的權宜之計。

架空屋當然可以為企業爭取到更多的利用空間，可同時也會給企業帶來一些安全方面的隱患，最明顯的就是妨礙物品的運輸了。因為這種架空屋，把廠房的高度給截短了，使搬運的淨空受到了限制。萬一搬運的人沒有注意到高度限制的話，很可能會碰撞到架空屋。那麼，如何讓搬運的人注意到高度的限制呢?

1. 紅線管理

假設廠房內搬運的高度設限在 4 米，在通道旁的牆壁上，從地面上量起 4 米的地方，畫上一條紅線，讓搬運人員用目測判斷，他所運送的東西高度是否超過了 4 米紅線。

2. 防撞欄網

在運送貨物的通道上方，設置防撞欄網標誌，這個標誌的底部，距離地面的高度剛好是 4 米，當運輸的物品高度大於 4 米的話，會先碰到這個欄網，這個欄網並不會損害到所搬運的物品，但它卻會發出一個訊號，讓搬運的人知道超過了限高，屬危險運送，要減少物品高度了。

十、現場急救箱的醒目標示

生產現場很容易發生工傷事故，那時要送到廠部醫務室，而對於輕微的磕碰，只需要簡易的傷口處理就可以了，所以作業現場需要配備一個急救箱，裏面放些碘酒、棉花棒、消毒膠布、創可貼等。

然而，許多企業的急救箱非常簡陋，或者乾脆用一個隨意的紙盒子，而且隨意放置。

急救箱這種東西，最好是不要有用到它的機會，可是，萬一需要用到它的時候，不但要分秒必爭，同時最好是每個人都知道它放在那裏。

所以，要麼配置印有很明顯紅十字標記的專用急救箱，或者在自製的急救箱上印上明顯的紅十字標記，有了這種明確的標示，萬一需要用到它的時候，相信應該是比較能為大家所掌握的。

十一、緊急聯絡電話看板

在非上班時間，若有意外發生，值班人員除了立即報警之外，還會通知企業的有關主管，當然，報警及通知都是用電話來聯絡的。

除了 110 及 I19 這兩個電話號碼之外，附近的派出所、電力公司、自來水公司、煤氣公司及各相關主管家裏的電話號碼，都可能會用到，但因為平時很少使用，所以不容易記住，一旦需要用到它們時，卻可能找不到。

在警衛室或值班室內設置一個「緊急聯絡電話看板」(如表 16-2 所示)，將相關聯絡對象的電話號碼標示出來，有助於警衛或是值班人員，提升應對緊急事件的應變能力。

表 16-2 緊急聯絡電話

緊急回應機構	員警：110 消防：119 救護車：120 派出所： 醫院： 自來水公司： 煤氣公司： 電力公司：
公司有關主管	董事長： 總經理： 廠長： ……

十二、急難搶救順序看板

當意外事件發生時，相信現場的所有員工，都想幫忙，但一般企業發生這種事件的幾率並不高，所以，在面對這種必須當機立斷來處理的情況時，大家往往會因沒有處理的經驗，而慌亂得手足無措。

意外事件的處理，往往要爭分奪秒，但若大家亂了陣腳，勢必會延遲了搶救的時機。所以不妨在易發生災害的場所，設置一些「急難搶救順序看板」（如表 16-3 所示），讓大家在必要時，可以透過看板上的步驟與指示，能有一個標準動作可以依循，從而能掌握第一時間，減少意外事件的傷害。

表 16-3　急難搶救順序看板

急難搶救順序看板
步驟1：
步驟2：
步驟3：
步驟4：
步驟5：
步驟 6：

十三、如何控制企業用電來防止安全隱患

某公司在一次週末會議後，上班的第一天，發現會議室的冷氣機還在運轉。原來這台冷氣機因為週末會議後，大家忘了把它給關掉，結果，冷氣機就這麼被連續運轉了兩天。

這種情形的發生，絕對是人為疏忽所造成的，它的出現，不但影響到企業的運作成本，還容易引起災害，所以是相當危險的隱患。

在管理上有沒有什麼妙方，可以減少這類問題的發生呢？

其實，在冷氣機的出風口處貼上一小片紙片或是彩色布條，當冷

氣機運轉時，冷氣會從排風口吹出來，這個時候，這些被貼在出風口外的紙片或是布條，就會隨風飄動，這時候，只要看看小紙片或是布條有無飄動，就能很輕易地判斷冷氣機是否還開著；配合在冷氣機的電源開關旁，寫上隨手關電的提示，這些隱患就迎刃而解了。

其實，不光是冷氣機，企業裏有很多的設備；像送風管、冷卻機等等，都可以借用類似的管理妙方，來辨識設備是否仍在運轉，或是有任何的異常發生，以解決安全隱患。

十四、如何協助企業保安做好安全巡視

公司下班時，員工們把所有的門窗都關好後，才離開公司。這個基本的要求，一方面可以防止下雨時雨水飄入，另一方面，是減少被小偷入侵的機會。

員工到底有沒有關好門窗呢?這往往是企業保安在員工下班後，巡視公司時的一個檢查重點。但是，一般企業的門窗，少則數十個，多的話可能會有上百個，而且，受到環境的限制，門窗的位置可能地處偏僻，更增加了保安巡視上的困難。

如果在每一扇玻璃窗都貼上一張帶箭頭的反光紙，而這個箭頭就沿著窗戶的邊緣往內貼的，那麼，只要箭頭反光紙頂住了，就表示這個窗戶是關好的。反之，則表示這扇窗戶沒關好。保安在巡視公司時，只要用手電筒一照射在反光貼紙上，就可以根據箭頭是否指向窗戶的框架，就輕鬆檢視門窗是否關好，更能保障工廠安全。

十五、如何做好現場目視檔案管理

檔案是一種資料、也是一種記錄。因此，可以說它是企業正常運作過程中，一項非常重要的管理工具。因此，如何能夠以最快又正確的速度，拿到所需要的檔案；歸還卷宗時，也能夠以最正確、最迅速的把它們歸位。此外，更能夠一目了然的看出檔案是否管理好，相信這是大多數企業在管理檔案時的一個很重要的原則。

如何能讓檔案管理發揮上述的管理功能呢?

這裏介紹一種用顏色管理和小圓貼紙的方法來進行檔案管理的例子。首先是用顏色來區分檔案的類別；然後將小圓貼紙，按階梯式斜線排列，貼在每一個卷宗的側面上，同時又依序將阿拉伯數字寫上去，萬一檔案被人借走，這些小圓點紙所構成的階梯斜線，就會斷線。這樣的檔案管理方式，讓人很容易從這些小貼紙的排列看出那些卷宗是被別人借用，要歸檔時，有了這種顏色加上階梯式排列的小圓貼紙，很容易一次定位放入。

十六、如何掌握員工去向

企業是一個多功能的組合體，因此，在整體的運作上，必定會成立許多的部門，來整合這些功能，也必定會需要有不少的人來執行各種的任務。然而，各部門成員為了完成任務上的需要，勢必經常遊走於各單位間。如果這些人員的行蹤不能被所屬的單位掌握住的話，經常去向不明，一定會造成相關人員與當事人間聯繫上的不便，這種不便，會影響正常的作業，更不用說需要處理緊急事件了。

為了便於掌握員工的行蹤，在辦公室的明顯處，設置了一個「去向表」，在這個看板上，寫有「某人、某時離開、前往某處、某時回來」等字樣。通過這個看板，相關人員的行蹤，就能夠有一個明確的交代，而節省撲空與等待所浪費的時間，見表 16-4。

表 16-4　員工去向表

姓名	去向及時間	預計返回時間

十七、如何借用核查表來抓住檢查重點

為了降低營運成本，一般企業都力求精簡人事，一人兼數職，讓工作豐富化，讓每位員工都非常忙錄。在這種狀況之下，如果每樣工作，光憑個人的記憶力來處理，肯定是事倍功半的。

可以設計一些核查表，將所需要管制的重點，反映在核查表上，員工們可以避免仰賴記憶，而可以通過查看核查表的專案，完全掌握管理的重心了。

當然，核查表的設計是沒有標準化的，它完全因狀況而有所調整，不過，不管是何種的核查表，幾個重要的原則，必須留意：

1. 核查表的內容要含蓋所有的管制要點。
2. 核查表上的項目要簡潔易懂。
3. 核查項目的處理盡可能採用打勾方式。

十八、借用追蹤看板讓責任落實

企業內常流傳的「會而不議、議而不決、決而不行」的陋習。為什麼會決而不行呢?主要是有關會議中的決議與決定，往往是用會議記錄或交辦單的方式來傳達，這種用書面來傳達指令的做法，常常因為只有少數的當事人知道，再加上薄薄的一小片紙，很容易讓忙碌的大家忘了它的存在，而使得相關會議中的決定執行效果大打折扣。

利用「交辦事項執行追蹤看板」，把會議中的決定出書面式改成看板式。見表 16-5。通過這種看板，每項任務的執行狀況，都會被反映到這個看板上，大家可以透過看的方式，共同監督。這種監督的力量，會使得當事人，產生一種警惕之心，而有助於會議決議事項的及時、有效的貫徹執行。

表 16-5　交辦事項執行追蹤看板

年　月　日

交辦事項	責任單位（人）	預定完成日期	執行狀況	備註

十九、目視管理工具使用方案

（一）目的

為盡可能讓生產現場所有人員都看見管理要求和意圖，更好地推動自主管理與自我控制，更有效地推進目視化管理水準，特制定本方案。

（二）適用範圍

本方案適用於目視管理工具的使用與管理。

（三）職責劃分

1. 總經理負責目視管理工具的製作與使用計劃的決策。

2. 目視管理小組負責目視管理工具的製作與使用計劃的制訂，並監督使用目視管理工具實現現場管理。

3. 現場相關人員負責配合目視管理小組進行目視管理工具的製作與使用。

（四）目視管理推行階段工具

1. 刊物

目視管理小組使用黑板報、專刊等形式，通過漫畫、網片展示等手段向現場生產人員灌輸目視管理實施的目的、內容及效益等，激發員工的參與熱情。

2. 海報、標語、橫幅

目視管理小組通過印製海報，製作並懸掛標語、橫幅等，將目視管理的目標、口號及預期效果向現場生產人員進行展示，為目視管理的導入營造氣氛。

（五）目視管理導入工具

表 16-6　常用目視管理工具

序號	常用目視管理工具	使用說明
1	紅牌	用來區分日常生產活動中的非必需品
2	看板	展示物品的放置場所等基本狀況
3	信號燈	工序內發生異常或運轉變化時，用於通知管理人員的工具
4	作業流程圖	描述工序重點和作業順序的簡明指示書，也稱為步驟圖，用於指導生產作業
5	反面教材	結合實物與適當說明，展示不良的現象及後果
6	提醒板	記錄重要事項或不良現象，防止遺漏或遺忘
7	區域線	主要用於整理與整頓異常原因、停線故障等
8	警示線	物品放置處用來表示最大或最小庫存量的彩色漆線
9	生產管理表	揭示生產線的生產狀況、進度的表示板，記入生產實績、設備開動率和異這個常原因(停線、故障)等

（六）目視管理工具製作要求

⑴清晰、易辨認

①字體不可過小，應使一定距離外的人也可清楚辨認，方便相關人員的使用。

②適當運用圖形與漫畫，激發使用人員的興趣，盡可能達到「一目了然」的效果，並加深其印象。

③盡可能使用對比度較強的顏色搭配製作看板，如白底藍字、白

底紅字、黑底白字等。

⑵明確傳達內容

①工具內容應簡練、易懂，緊緊圍繞產量、品質、生產成本、交期控制、生產安全和員工士氣六大項目。

②使用圖表顯示目標值、績效、產出量和耗用量等內容。

⑶異常狀態立即可辨

①使用通用標識與指示，使所有相關人員都可明確分辨設備的運轉狀態。

②對於異常狀態原因的表述文字應規範、統一，具體標準如下表所示。

表 16-7　異常狀態原因表述常用詞語說明

異常狀態原因表述標準詞語	解釋說明
待修	設備本身故障，等待修理
待料	所需材料、配件未到，暫時無法生產
待人	操作人員數量不足或請假，無法執行生產
待訂單	不得預製庫存品的產品，在未接到訂單的情況下，不可進行生產

4. 標準明確，易於遵守

⑴對於區域線、警示線等目視工具，應明確劃分，並保證其清晰、醒目，使所有現場人員都可清楚分辨。

⑵工具劃分區域及標準要求合理，方便相關人員進行判斷、指導和糾正。

（七）目視管理檢查表

表 16-8　目視管理檢查表

部門		檢查者		
序號	檢查項目	評價	不合格糾正	備註
1	通路的標識是否指示清晰、正確，保證道路通暢			
2	不良品放置區域劃分是否清晰，不良品、廢品是否區別放置			
3	生產現場標識是否完整、全面			
4	日常例行工作計劃表的執行情況			
5	物料、零件放置區域標識是否清晰，存量是否符合要求			
6	工具擺放區域劃分是否清晰，標識是否準確			
7	現場人員考勤表的製作是否合乎要求，填寫人數是否屬實			
8	工序標準作業書的編寫是否規範，張貼位置是否醒目且方便查看			
9	安全生產相關提醒板的懸掛是否醒目，便於遵照執行			
10	進度管理看板的繪製是否準確，是否定期更新數據			
11	不良率圖表的擺放位置是否合適，是否及時更新數據			
12	計量儀錶指標是否準確，在標識的正常範圍之內			

第17章

目視管理辦法附錄

附錄 1：某公司目視管理活動實施辦法

1. 目的

為塑造一目了然的工廠、改善工作環境，使工作合理化，提高工作場所的安全、品質與效率，以達到「構築目視化工廠」的目的，特制定本辦法。

2. 適用範圍

公司所有部門、員工。

3. 活動目標

(1)明確區域規劃；建立目視化標誌。

(2)進行物品的標誌定位，滿足「三定、三要素」原則。

(3)確立設備目視化管理標準。

(4)統一製作整體指引標誌系統。

⑸導入目視化的異常預防措施。

⑹完善定期考評競賽制度。

4. 活動週期

⑴目視化管理分六個階段實施，共計六個月。

①5S 深入與目視管理計劃階段

②目視管理實施 I 階段

③目視管理實施 II 階段

④目視管理實施 III 階段

⑤目視管理實施 IV 階段

⑥目視管理確認、評價階段

⑵六個月後持續改進，長期堅持。

5. 組織及職責

⑴組織

仍按原有『5S 推行委員會』架構由總經埋任主任委員，設主管副主任和目視管理推行辦，各部門負責人為委員作為目視管理的決策機構。整個推行工作由 5S 推行辦主導。

⑵職責

①目視管理推行辦主任：目視管理活動計劃、預算及活動辦法的策劃，整體工作的協調。

②宣傳教育小組 2 人：公司層面目視管理活動的宣傳，人員的教育及各部門宣傳教育的促進。

③現場考評小組(臨時)：對現場目視管理活動情況進行檢查、組織考評競賽並指導改進。

④設備目視化推進小組 3 人：針對公司裝置型設備生產的特點，統一進行設備目視管理的診斷、策劃、製作、實施和檢查。

⑤各部門目視管理幹事各 1 人：負責本部門目視管理工作的開展，屬於推行辦成員。

6.考評與獎罰

⑴中間考評

①CLEAN-UP 作戰一乾淨(第二月)

②CLEAN-UP 作戰一整齊(第三月)

③CLEAN-UP 作戰一完好(第四月)

每一次作戰完成後，由參加作戰人員一起評出檢查結果，予以公佈，並評選目視管理活動優秀小組給予獎勵。

④紅牌作戰(第二月 1 次)

⑤紅牌作戰(第五月 1 次)

每次紅牌作戰完成後，公佈紅牌發行數和回收率，並按紅牌回收率的高低，採取相應獎罰措施。

⑥設備目視化專項評價(第五月)

初級水準：設備外表清潔無銹蝕；

中級水準：所有關鍵部位均有明確標誌；

高級水準：明確設備日常點檢提示和保養記錄。

⑦階段實施狀況評價(第三月一第六月)

由目視管理推行辦召集相關人員，對各部門各階段實施的項目執行情況進行檢查，按計劃完成率考評，並採取相應的獎罰措施。

⑵定期評分競賽(第三月起月度實施)

完善目視管理評分標準，進行定期評分競賽活動，組成評分小組進行評分，並公佈評分結果，評出優勝部門給予獎勵。連續評分落後的部門，給予相應的處罰。

⑶發表會（第六月）

總結全期的活動成果；回顧前期活動過程；展望持續改進目標；交流實施經驗和方法；評價各部門活動成績的優劣。

附錄 2：目視管理檢查及考評表

1. 目的

為持續推進目視管理活動，強化及維持公司目視管理活動成果，合理地評判活動的成效，特制定本辦法：

2. 適用範圍

本公司各部門。

3. 考評人員構成（共 7 人）

①考評小組長兼召集人一人（推行辦成員輪流）；

②推行委員會幹部一人（總經理或副總經理）；

③被考評部門主要負責人一人；

④推行辦該區聯絡員一人；

⑤設備目視化推行小組成員 3 人。

4. 考評程式

①考評小組長排定各單位活動之「考評人員名單及考評日期」；

②考評當日考評小組長備好「檢查表」，並利用約 20 分鐘時間與考評人員取得共識；

③考評後當天計算出成績，並列出名次；

④中間考評不作平衡與調整，以得分作為排名依據；

⑤最終考評後在三天內召集推行委員會幹部會議，進行部分平衡與調整，再依此決定排行榜名次，經委員簽名公佈；

⑥幹部會議次日公佈排行榜，並以「公司目視管理推行委員會」的名義公佈(注意：不公佈成績)；

⑦一週內以書面通知各單位優缺點；

⑧最終成績的優勝單位由宣傳小組設計張貼海報祝賀；

⑨頒獎由主任委員親自頒獎。

5.考評要點

①考評人員依評分表考評，並記下優缺點，同時當場告知該責任區聯絡員和主要負責人；

②考評人員進行考評時要注意做到客觀、公平、嚴謹；

③考評人員要特別觀察各責任區之創意做法，以便推廣至其他責任區，而有助於全公司作業水準之提高；

④排行榜公佈之前召開名次調整會議，與會人員對其敏感細節應保密；

⑤評審結果若有相同名次時可採用下列任一對策；

⑥相同評審人員次日再進行一次評審；

⑦委託另外兩位推行委員會幹部於次日再評審。

附錄 3：目視管理檢查及考評表

目視管理檢查績效考評表

項目		明確區分10	區分8分	一般6分	大概區分2-4分	沒有區分0分	手段*方法	問題點*改善著眼點	改善實施時期
整理整頓	(1)明確各區重點目視化項目						重點目視化項目一覽表的的製作張貼		
	(2)明確通道和作業區、不良品放置區						通道、作業區、不良品放置區的明確標誌		
	(3)明確區分不要物品						不要物品的場所的設置		
日程計劃和進度管理	(1)是否瞭解與計劃相比有無延誤						日程計劃進度管理		
	(2)明確現狀生產實績						資料揭示板		
	(3)是否瞭解今天正在進行的標準計劃進度						資料揭示板		
	(4)是否瞭解明天計劃						作業進度管理板		
外購納期管理	(1)是否有很多計劃但尚未實施						納期管理板		
	(2)瞭解欠品情況						納期管理板		
品質管理	(1)是否瞭解批量檢查結果						拿取表		
	(2)是否瞭解昨天的不良數、不良率						不良品展示台設置		

續表

品質管理	⑶是否明確到前月為止的狀況，不良金額、不良率的情報					不良品展示台設置		
	⑷是否明白不良項目發生的要因					不良品柏拉圖		
	⑸現在是否還有不良品發生					設置不良品放置區		
現品管理	⑴瞭解任何材料、部品、仕損物品的方位及責任人					明確放場所，記入部門名稱、區分顏色		
	⑵瞭解任何製品的方位及責任人					明確放置場所，記入部門名稱、區分顏色		
	⑶瞭解材料、部品、仕損物品在庫狀況（過量、正常、欠品）					部品編號明示		

續表

<table>
<tr><td rowspan="3">作業管理</td><td>⑴作業者是否通過標準作業的上崗考核</td><td></td><td></td><td></td><td></td><td></td><td>作業標準書</td><td></td><td></td></tr>
<tr><td>⑵瞭解作業、工程機械業、工程機械設備是否異常，不合格的發生狀況</td><td></td><td></td><td></td><td></td><td></td><td>看板揭示</td><td></td><td></td></tr>
<tr><td>⑶瞭解機器（車輛）的時間</td><td></td><td></td><td></td><td></td><td></td><td>作業標準書</td><td></td><td></td></tr>
<tr><td rowspan="4">人員管理</td><td>⑴瞭解生產線人員的到場情況</td><td></td><td></td><td></td><td></td><td></td><td>人員配置板</td><td></td><td></td></tr>
<tr><td>⑵瞭解缺勤人員的情況</td><td></td><td></td><td></td><td></td><td></td><td>人員配置板</td><td></td><td></td></tr>
<tr><td>⑶是否有人員不到位</td><td></td><td></td><td></td><td></td><td></td><td>人員配置板</td><td></td><td></td></tr>
<tr><td>⑶瞭解外出人員和支援人員</td><td></td><td></td><td></td><td></td><td></td><td>人員配置板</td><td></td><td></td></tr>
<tr><td rowspan="3">設置治具工管理</td><td>⑴確認治具、工具、測定器的位置</td><td></td><td></td><td></td><td></td><td></td><td>作業場所是確化</td><td></td><td></td></tr>
<tr><td>⑵確認治具、工具、測定器的點檢狀況</td><td></td><td></td><td></td><td></td><td></td><td>檢查表</td><td></td><td></td></tr>
<tr><td>⑶確定設備的點檢狀況</td><td></td><td></td><td></td><td></td><td></td><td>檢查表</td><td></td><td></td></tr>
<tr><td></td><td>合計</td><td></td><td></td><td></td><td></td><td></td><td></td><td></td><td></td></tr>
</table>

<table>
<tr><td>全盤的考慮</td><td></td><td>合計得分</td><td></td><td>平均得分</td><td></td></tr>
</table>

進度管理

評價項目	10 分	8 分	6 分	4 分	2 分
1. 日程計劃、實績	按期完成	對策明確	問題點明確	有區分計劃和實績	什麼也沒有分
2.時間別、生產量	按期完成	對策明確	不能按期完成	有區分時間計劃和實績	什麼也沒有分
3.派工	沒有等待作業	對策明確	問題點明確	有派工計劃	什麼也沒有分

作業管理

評價項目	10 分	8 分	6 分	4 分	2 分
1 標準作業	嚴守標準時間	嚴守標準操作	有標準作業手順書	沒有標準作業手順書	什麼也沒有
2 活性化	活性化效果好	有活性化效果	有活性化計劃	有技巧圖示	什麼也沒有
3 區域配置					

附錄 4：目視管理工具使用方案

（一）目的

為盡可能讓生產現場所有人員都看見管理要求和意圖，更好地推動自主管理與自我控制，更有效地推進目視化管理水準，特制定本方案。

（二）適用範圍

本方案適用於目視管理工具的使用與管理。

（三）職責劃分

1. 總經理負責目視管理工具的製作與使用計劃的決策。

2. 目視管理小組負責目視管理工具的製作與使用計劃的制訂，並監督使用目視管理工具實現現場管理。

3. 現場相關人員負責配合目視管理小組進行目視管理工具的製作與使用。

（四）目視管理推行階段工具

1. 刊物

目視管理小組使用黑板報、專刊等形式，通過漫畫、網片展示等手段向現場生產人員灌輸目視管理實施的目的、內容及效益等，激發員工的參與熱情。

2. 海報、標語、橫幅

目視管理小組通過印製海報，製作並懸掛標語、橫幅等，將目視管理的目標、口號及預期效果向現場生產人員進行展示，為目視管理的導入營造氣氛。

（五）目視管理導入工具

常用目視管理工具

序號	常用目視管理工具	使用說明
1	紅牌	用來區分日常生產活動中的非必需品
2	看板	展示物品的放置場所等基本狀況
3	信號燈	工序內發生異常或運轉變化時，用於通知管理人員的工具
4	作業流程圖	描述工序重點和作業順序的簡明指示書，也稱為步驟圖，用於指導生產作業
5	反面教材	結合實物與適當說明，展示不良的現象及後果
6	提醒板	記錄重要事項或不良現象，防止遺漏或遺忘
7	區域線	主要用於整理與整頓異常原因、停線故障等
8	警示線	物品放置處用來表示最大或最小庫存量的彩色漆線
9	生產管理表	揭示生產線的生產狀況、進度的表示板，記入生產實績、設備開動率和異這個常原因(停線、故障)等

（六）目視管理工具製作要求

⑴清晰、易辨認

①字體不可過小，應使一定距離外的人也可清楚辨認，方便相關人員的使用。

②適當運用圖形與漫畫，激發使用人員的興趣，盡可能達到「一目了然」的效果，並加深其印象。

③盡可能使用對比度較強的顏色搭配製作看板，如白底藍字、白

底紅字、黑底白字等。

⑵明確傳達內容

①工具內容應簡練、易懂，緊緊圍繞產量、品質、生產成本、交期控制、生產安全和員工士氣六大項目。

②使用圖表顯示目標值、績效、產出量和耗用量等內容。

⑶異常狀態立即可辨

①使用通用標識與指示，使所有相關人員都可明確分辨設備的運轉狀態。

②對於異常狀態原因的表述文字應規範、統一，具體標準如下表所示。

異常狀態原因表述常用詞語說明

異常狀態原因 表述標準詞語	解釋說明
待修	設備本身故障，等待修理
待料	所需材料、配件未到，暫時無法生產
待人	操作人員數量不足或請假，無法執行生產
待訂單	不得預製庫存品的產品，在未接到訂單的情況下，不可進行生產

4.標準明確，易於遵守

⑴對於區域線、警示線等目視工具，應明確劃分，並保證其清晰、醒目，使所有現場人員都可清楚分辨。

⑵工具劃分區域及標準要求合理，方便相關人員進行判斷、指導和糾正。

（七）目視管理檢查表

目視管理檢查表

部門		檢查者		
序號	檢查項目	評價	不合格糾正	備註
1	通路的標識是否指示清晰、正確，保證道路通暢			
2	不良品放置區域劃分是否清晰，不良品、廢品是否區別放置			
3	生產現場標識是否完整、全面			
4	日常例行工作計劃表的執行情況			
5	物料、零件放置區域標識是否清晰，存量是否符合要求			
6	工具擺放區域劃分是否清晰，標識是否準確			
7	現場人員考勤表的製作是否合乎要求，填寫人數是否屬實			
8	工序標準作業書的編寫是否規範，張貼位置是否醒目且方便查看			
9	安全生產相關提醒板的懸掛是否醒目，便於遵照執行			
10	進度管理看板的繪製是否準確，是否定期更新數據			
11	不良率圖表的擺放位置是否合適，是否及時更新數據			
12	計量儀錶指標是否準確，在標識的正常範圍之內			

附錄 5：某公司目視管理小組活動辦法

1. 部門改善小組的意義

作為公司改善活動的「細胞」，小組活動是否活躍和卓有成效，直接影響到公司改善活動的成效。任何好的制度和方法，能否有效地在小組活動中得到運用，是其落實的關鍵環節。目視管理是現場改善活動的基礎，因此，目視管理工作成為改善小組第一個需要研究的課題。

2. 小組的組織原則與結構

⑴原則

①部門長負責制，由部門負責人出任組長；

②具體事務由部門選派主管人員負責，出任主管組長，較小部門可不設此職；

③日常事務管理(計劃、組織、聯絡、監察、教育、文書等)設推行員一職負責，必要時增加副推行員；

④各班組長和部分優秀員工確定為組員。

⑵結構圖

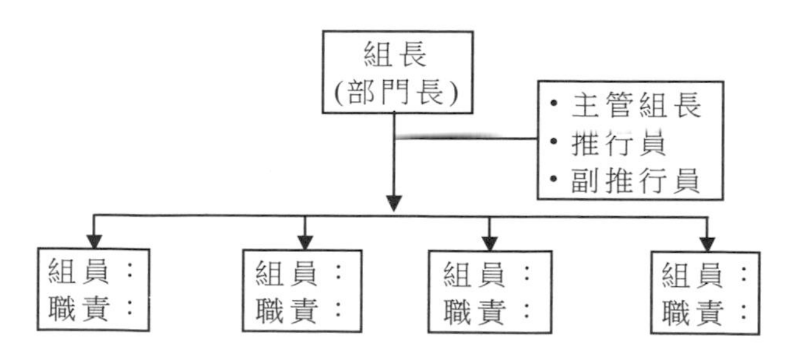

⑶小組在公司組織中的角色

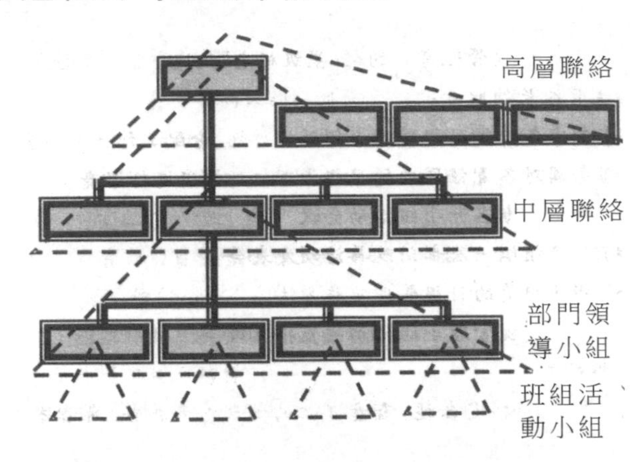

3.目視管理小組職責分工

⑴組長

由部門長擔任，對本部門目視管理成效負擔責任。作為公司目視管理推行委員會的成員，積極宣導和推動目視管理在本部門的落實，參與目視管理推行委員會的各種活動，選拔和任用部門目視管理管理骨幹，在主管組長不在時協調其工作的開展。

⑵組長的職責：

①確定各階段目視管理小組的工作重點，確保與公司的整體計劃一致。

②促進部門目視管理的良性發展。

③評價各階段目視管理小組的工作成果，尋找差距，提出改進方案。

④為部門目視管理活動負管理責任。

⑶主管組長

由部門單位成員擔任，負責本部門目視管理的具體工作，包括組織部門目視管理工作會議(定期／不定期)和參加公司推行辦目視管理例會(每週五下午)，有效協調生產與目視管理的關係，鼓舞員工的積極性及為日常目視管理工作提供支援，並帶領部門員工向公司目視管理考評的「五星級標誌」挑戰。

⑷主管組長的職責：

①制定各階段目視管理小組活動計劃，分配工作任務和重點

②每週對各責任區內的目視管理執行情況進行巡查

③每週定期召開小組活動會議

④每月組織一次部門改善活動發表會

⑤指導組員的目視管理實施方法

⑥作為目視管理小組活動的直接上級

⑸推行員

由主管組長指定合適、有責任心的管理人員擔任，負責本部門日常的目視管理工作。職責包括參加各種相關會議，及時推動及檢查日常目視管理工作的進展，考評各區域目視管理工作的成效，定期向目視管理主管組長彙報有關工作情況，宣傳、引導和培養部門員工的目視管理的方法和技巧，成為公司推行辦與部門的直接聯繫人、目視管理檢查員和內部培訓師，在需要時參與公司目視管理檢查考評工作。

⑹副推行員(2 人)

①1 人由熟悉工作現場運作的人員擔任，主要負責協助推行員開展日常目視管理工作，包括現場問題的檢查和整改工作的配合與落實，並在推行員不在時，頂替其職責。

②1 人由熟悉電腦文書、擅長宣傳的人員擔任，主要負責協助推行員開展日常目視管理工作，包括部門宣傳教育工作的展開、看板相關內容的維護及標誌／文件的製作，並成為公司目視管理宣傳報導的

聯絡員。

⑺組員

各區域的管理負責人（一般指班組長）自動成為組員，負責本區域目視管理工作的開展和日常維護，原則上每個班組都應有一名組員負責。職責包括配合小組的工作計劃和安排，參加部門目視管理工作會議。組織每天晨會，進行日常目視管理檢查、指正，並積極帶領本區域員工向「目視管理星級崗」挑戰。

⑻組員的職責：

①嚴格執行上級的計劃安排。

②準時參加小組會議。

③每週作目視管理執行情況報告，在週會前交給主管組長或推行員。

④負責部門目視管理的上傳下達，承擔班組成員的目視管理教育和宣傳工作。

⑤組織班組目視管理研討會。

⑥為員工樹立榜樣。

⑦負責本班組的目視管理活動管理責任。

⑧協助制定班組目視管理檢查考核辦法。

4. 目視管理小組活動細則

⑴自主檢查

①由主管組長主持目視管理小組的現場會議，將現場按區域劃分給各班組，不留無責任區域，公用區域也明確劃分給具體班組負責。

②各班組長再將具體區域劃分給組內具體員工負責，儘量避免多人負責，責任不清的情況。

③由目視管理小組制定統一的目視管理區域責任計劃表，各班組

長按各區域的特點填入責任點內容，並懸掛於各員工目視管理責任區的顯眼位置。

④每日由員工按目視管理區域責任計劃表的要求執行並填寫表格，班組長按計劃的完成情況做出日評分。

⑤每週目視管理小組巡視各班組目視管理執行情況，並在目視管理區域責任計劃表上填寫評分。

⑥每週結束前召開小組會議，對本週檢查作總結，討論問題點，並制定改進計劃。

⑵日常考評

將目視管理工作納入員工日常作業範圍之內，從「目視管理沒做好就等於工作失職」的角度確立目視管理考核體系：

①班組長考核員工的標準分為A(5分)、B(3分)、C(1分)、D(0分)四級，並每日填寫於目視管理區域責任表的相應欄內：

- 按要求做好了並認真填寫了目視管理區域責任計劃表，得「A」；
- 按要求做好了但未認真填寫目視管理區域責任計劃表，得「B」；
- 未按要求做好但填寫了目視管理區域責任計劃表，得「C」；
- 未按要求做好也沒有填寫目視管理區域責任計劃表，得「D」。

②部門負責人考核各班組長的標準同樣分為A(5分)、B(3分)、C(1分)、D(0分)四級，每週評價一次：

①按第　條的標準檢查，所負責區域的平均成績為該班組長成績；

②有下列情況之一者，該班組長成績減1分：

- 班組長不積極參加目視管理活動的會議，缺席兩次以上者。

· 班組內有員工不明白目視管理意義和公司的目視管理目標者。

· 每週不召開班組目視管理例會者。

· 未按崗位職責的要求每週上交工作總結者。

· 不服從部門目視管理小組的管理者。

③班組內有創意獎項目獲得時，該班組長成績升 1 分。

④目視管理考評的結果，以部門目視管理快報的形式進行公佈，同時公佈問題一覽表和整改計劃日程。

⑤一個月內班組目視管理考評均為「A」者，部門內給予適當獎勵；連續 2 個月考評均為「A」者，該班組有資格申報公司「目視管理星級崗」評選，獲選後享受相應待遇。

⑶班組活動

①晨會

每班工作開始時，用 5-15 分鐘召開晨會，總結前一日工作，安排當日的工作。

②傳達會

傳達會由班組長召開班組會議，落實部門計劃，具體分工到各責任人，務必使人人明白自己的工作。

③諸葛亮會(又叫研討會)

當改善過程中遇到棘手問題難以解決時,由班組長組織全員召開諸葛亮會,運用NM法或KJ法等集思廣益的手法研討解決問題的方法。

④發表會

作為交流學習的舞臺，也是表彰優秀組員、展示改善成果的機會，部門每月組織，公司定期組織，相互結合，可以激發員工的創造欲和參與熱情，促進目視管理和現場改善的良性發展。

心得欄 ------------------------------------

臺灣的核心競爭力，就在這裏！

圖書出版目錄

憲業企管顧問（集團）公司為企業界提供診斷、輔導、培訓等專項工作。下列圖書是由臺灣的憲業企管顧問（集團）公司所出版，自 1993 年秉持專業立場，特別注重實務應用，50 餘位顧問師為企業界提供最專業的經營管理類圖書。

選購企管書，敬請認明品牌 ：憲業企管公司。

1.傳播書香社會，直接向本出版社購買，一律 9 折優惠，郵遞費用由本公司負擔。服務電話(02)27622241 (03)9310960 傳真(03)9310961

2.付款方式：請將書款轉帳到我公司下列的銀行帳戶。

・銀行名稱：合作金庫銀行（敦南分行） 帳號：5034-717-347447
　公司名稱：憲業企管顧問有限公司

・郵局劃撥號碼：18410591 郵局劃撥戶名：憲業企管顧問公司

3.圖書出版資料每週隨時更新，請見網站 www.bookstore99.com

經營顧問叢書

25	王永慶的經營管理	360 元
47	營業部門推銷技巧	390 元
52	堅持一定成功	360 元
56	對準目標	360 元
60	寶潔品牌操作手冊	360 元
72	傳銷致富	360 元
78	財務經理手冊	360 元
79	財務診斷技巧	360 元
86	企劃管理制度化	360 元
91	汽車販賣技巧大公開	360 元
97	企業收款管理	360 元
100	幹部決定執行力	360 元
122	熱愛工作	360 元
125	部門經營計劃工作	360 元
129	邁克爾・波特的戰略智慧	360 元
130	如何制定企業經營戰略	360 元
135	成敗關鍵的談判技巧	360 元
137	生產部門、行銷部門績效考核手冊	360 元
139	行銷機能診斷	360 元
140	企業如何節流	360 元
141	責任	360 元
142	企業接棒人	360 元
144	企業的外包操作管理	360 元

146	主管階層績效考核手冊	360 元
147	六步打造績效考核體系	360 元
148	六步打造培訓體系	360 元
149	展覽會行銷技巧	360 元
150	企業流程管理技巧	360 元
152	向西點軍校學管理	360 元
154	領導你的成功團隊	360 元
155	頂尖傳銷術	360 元
160	各部門編制預算工作	360 元
163	只為成功找方法，不為失敗找藉口	360 元
167	網路商店管理手冊	360 元
168	生氣不如爭氣	360 元
170	模仿就能成功	350 元
176	每天進步一點點	350 元
181	速度是贏利關鍵	360 元
183	如何識別人才	360 元
184	找方法解決問題	360 元
185	不景氣時期，如何降低成本	360 元
186	營業管理疑難雜症與對策	360 元
187	廠商掌握零售賣場的竅門	360 元
188	推銷之神傳世技巧	360 元
189	企業經營案例解析	360 元
191	豐田汽車管理模式	360 元
192	企業執行力（技巧篇）	360 元
193	領導魅力	360 元
198	銷售說服技巧	360 元
199	促銷工具疑難雜症與對策	360 元
200	如何推動目標管理(第三版)	390 元
201	網路行銷技巧	360 元
204	客戶服務部工作流程	360 元
206	如何鞏固客戶（增訂二版）	360 元
208	經濟大崩潰	360 元
215	行銷計劃書的撰寫與執行	360 元
216	內部控制實務與案例	360 元
217	透視財務分析內幕	360 元
219	總經理如何管理公司	360 元
222	確保新產品銷售成功	360 元
223	品牌成功關鍵步驟	360 元
224	客戶服務部門績效量化指標	360 元

226	商業網站成功密碼	360 元
228	經營分析	360 元
229	產品經理手冊	360 元
230	診斷改善你的企業	360 元
232	電子郵件成功技巧	360 元
234	銷售通路管理實務〈增訂二版〉	360 元
235	求職面試一定成功	360 元
236	客戶管理操作實務〈增訂二版〉	360 元
237	總經理如何領導成功團隊	360 元
238	總經理如何熟悉財務控制	360 元
239	總經理如何靈活調動資金	360 元
240	有趣的生活經濟學	360 元
241	業務員經營轄區市場（增訂二版）	360 元
242	搜索引擎行銷	360 元
243	如何推動利潤中心制度（增訂二版）	360 元
244	經營智慧	360 元
245	企業危機應對實戰技巧	360 元
246	行銷總監工作指引	360 元
247	行銷總監實戰案例	360 元
248	企業戰略執行手冊	360 元
249	大客戶搖錢樹	360 元
252	營業管理實務（增訂二版）	360 元
253	銷售部門績效考核量化指標	360 元
254	員工招聘操作手冊	360 元
256	有效溝通技巧	360 元
258	如何處理員工離職問題	360 元
259	提高工作效率	360 元
261	員工招聘性向測試方法	360 元
262	解決問題	360 元
263	微利時代制勝法寶	360 元
264	如何拿到 VC（風險投資）的錢	360 元
267	促銷管理實務〈增訂五版〉	360 元
268	顧客情報管理技巧	360 元
269	如何改善企業組織績效〈增訂二版〉	360 元
270	低調才是大智慧	360 元

272	主管必備的授權技巧	360 元
275	主管如何激勵部屬	360 元
276	輕鬆擁有幽默口才	360 元
278	面試主考官工作實務	360 元
279	總經理重點工作（增訂二版）	360 元
282	如何提高市場佔有率（增訂二版）	360 元
283	財務部流程規範化管理（增訂二版）	360 元
284	時間管理手冊	360 元
285	人事經理操作手冊（增訂二版）	360 元
286	贏得競爭優勢的模仿戰略	360 元
287	電話推銷培訓教材（增訂三版）	360 元
288	贏在細節管理（增訂二版）	360 元
289	企業識別系統 CIS（增訂二版）	360 元
290	部門主管手冊（增訂五版）	360 元
291	財務查帳技巧（增訂二版）	360 元
292	商業簡報技巧	360 元
293	業務員疑難雜症與對策（增訂二版）	360 元
295	哈佛領導力課程	360 元
296	如何診斷企業財務狀況	360 元
297	營業部轄區管理規範工具書	360 元
298	售後服務手冊	360 元
299	業績倍增的銷售技巧	400 元
300	行政部流程規範化管理（增訂二版）	400 元
302	行銷部流程規範化管理（增訂二版）	400 元
304	生產部流程規範化管理（增訂二版）	400 元
305	績效考核手冊(增訂二版)	400 元
307	招聘作業規範手冊	420 元
308	喬・吉拉德銷售智慧	400 元
309	商品鋪貨規範工具書	400 元
310	企業併購案例精華(增訂二版)	420 元
311	客戶抱怨手冊	400 元
312	如何撰寫職位說明書(增訂二版)	400 元
313	總務部門重點工作（增訂三版）	400 元
314	客戶拒絕就是銷售成功的開始	400 元
315	如何選人、育人、用人、留人、辭人	400 元
316	危機管理案例精華	400 元
317	節約的都是利潤	400 元
318	企業盈利模式	400 元
319	應收帳款的管理與催收	420 元
320	總經理手冊	420 元
321	新產品銷售一定成功	420 元
322	銷售獎勵辦法	420 元
323	財務主管工作手冊	420 元
324	降低人力成本	420 元
325	企業如何制度化	420 元
326	終端零售店管理手冊	420 元
327	客戶管理應用技巧	420 元
328	如何撰寫商業計畫書（增訂二版）	420 元
329	利潤中心制度運作技巧	420 元
330	企業要注重現金流	420 元
331	經銷商管理實務	450 元
332	內部控制規範手冊（增訂二版）	420 元
333	人力資源部流程規範化管理（增訂五版）	420 元
334	各部門年度計劃工作（增訂三版）	420 元
335	人力資源部官司案件大公開	420 元
336	高效率的會議技巧	420 元
337	企業經營計劃〈增訂三版〉	420 元

《商店叢書》

18	店員推銷技巧	360 元
30	特許連鎖業經營技巧	360 元
35	商店標準操作流程	360 元
36	商店導購口才專業培訓	360 元
37	速食店操作手冊〈增訂二版〉	360 元

38	網路商店創業手冊〈增訂二版〉	360 元
40	商店診斷實務	360 元
41	店鋪商品管理手冊	360 元
42	店員操作手冊（增訂三版）	360 元
44	店長如何提升業績〈增訂二版〉	360 元
45	向肯德基學習連鎖經營〈增訂二版〉	360 元
47	賣場如何經營會員制俱樂部	360 元
48	賣場銷量神奇交叉分析	360 元
49	商場促銷法寶	360 元
53	餐飲業工作規範	360 元
54	有效的店員銷售技巧	360 元
55	如何開創連鎖體系〈增訂三版〉	360 元
56	開一家穩賺不賠的網路商店	360 元
57	連鎖業開店複製流程	360 元
58	商鋪業績提升技巧	360 元
59	店員工作規範（增訂二版）	400 元
61	架設強大的連鎖總部	400 元
62	餐飲業經營技巧	400 元
64	賣場管理督導手冊	420 元
65	連鎖店督導師手冊（增訂二版）	420 元
67	店長數據化管理技巧	420 元
68	開店創業手冊〈增訂四版〉	420 元
69	連鎖業商品開發與物流配送	420 元
70	連鎖業加盟招商與培訓作法	420 元
71	金牌店員內部培訓手冊	420 元
72	如何撰寫連鎖業營運手冊〈增訂三版〉	420 元
73	店長操作手冊（增訂七版）	420 元
74	連鎖企業如何取得投資公司注入資金	420 元
75	特許連鎖業加盟合約（增訂二版）	420 元
76	實體商店如何提昇業績	420 元
77	連鎖店操作手冊（增訂六版）	420 元

《工廠叢書》

15	工廠設備維護手冊	380 元
16	品管圈活動指南	380 元
17	品管圈推動實務	380 元
20	如何推動提案制度	380 元
24	六西格瑪管理手冊	380 元
30	生產績效診斷與評估	380 元
32	如何藉助 IE 提升業績	380 元
46	降低生產成本	380 元
47	物流配送績效管理	380 元
51	透視流程改善技巧	380 元
55	企業標準化的創建與推動	380 元
56	精細化生產管理	380 元
57	品質管制手法〈增訂二版〉	380 元
58	如何改善生產績效〈增訂二版〉	380 元
68	打造一流的生產作業廠區	380 元
70	如何控制不良品〈增訂二版〉	380 元
71	全面消除生產浪費	380 元
72	現場工程改善應用手冊	380 元
77	確保新產品開發成功（增訂四版）	380 元
79	6S 管理運作技巧	380 元
84	供應商管理手冊	380 元
85	採購管理工作細則〈增訂二版〉	380 元
88	豐田現場管理技巧	380 元
89	生產現場管理實戰案例〈增訂三版〉	380 元
92	生產主管操作手冊（增訂五版）	420 元
93	機器設備維護管理工具書	420 元
94	如何解決工廠問題	420 元
96	生產訂單運作方式與變更管理	420 元
97	商品管理流程控制（增訂四版）	420 元
101	如何預防採購舞弊	420 元
102	生產主管工作技巧	420 元
103	工廠管理標準作業流程〈增訂三版〉	420 元
104	採購談判與議價技巧〈增訂三版〉	420 元

105	生產計劃的規劃與執行（增訂二版）	420 元
107	如何推動 5S 管理（增訂六版）	420 元
108	物料管理控制實務〈增訂三版〉	420 元
109	部門績效考核的量化管理（增訂七版）	420 元
110	如何管理倉庫〈增訂九版〉	420 元
111	品管部操作規範	420 元
112	採購管理實務〈增訂八版〉	420 元
113	企業如何實施目視管理	420 元

《醫學保健叢書》

1	9 週加強免疫能力	320 元
3	如何克服失眠	320 元
4	美麗肌膚有妙方	320 元
5	減肥瘦身一定成功	360 元
6	輕鬆懷孕手冊	360 元
7	育兒保健手冊	360 元
8	輕鬆坐月子	360 元
11	排毒養生方法	360 元
13	排除體內毒素	360 元
14	排除便秘困擾	360 元
15	維生素保健全書	360 元
16	腎臟病患者的治療與保健	360 元
17	肝病患者的治療與保健	360 元
18	糖尿病患者的治療與保健	360 元
19	高血壓患者的治療與保健	360 元
22	給老爸老媽的保健全書	360 元
23	如何降低高血壓	360 元
24	如何治療糖尿病	360 元
25	如何降低膽固醇	360 元
26	人體器官使用說明書	360 元
27	這樣喝水最健康	360 元
28	輕鬆排毒方法	360 元
29	中醫養生手冊	360 元
30	孕婦手冊	360 元
31	育兒手冊	360 元
32	幾千年的中醫養生方法	360 元
34	糖尿病治療全書	360 元
35	活到 120 歲的飲食方法	360 元
36	7 天克服便秘	360 元
37	為長壽做準備	360 元
39	拒絕三高有方法	360 元
40	一定要懷孕	360 元
41	提高免疫力可抵抗癌症	360 元
42	生男生女有技巧〈增訂三版〉	360 元

《培訓叢書》

11	培訓師的現場培訓技巧	360 元
12	培訓師的演講技巧	360 元
15	戶外培訓活動實施技巧	360 元
17	針對部門主管的培訓遊戲	360 元
21	培訓部門經理操作手冊（增訂三版）	360 元
23	培訓部門流程規範化管理	360 元
24	領導技巧培訓遊戲	360 元
26	提升服務品質培訓遊戲	360 元
27	執行能力培訓遊戲	360 元
28	企業如何培訓內部講師	360 元
29	培訓師手冊（增訂五版）	420 元
31	激勵員工培訓遊戲	420 元
32	企業培訓活動的破冰遊戲（增訂二版）	420 元
33	解決問題能力培訓遊戲	420 元
34	情商管理培訓遊戲	420 元
35	企業培訓遊戲大全(增訂四版)	420 元
36	銷售部門培訓遊戲綜合本	420 元
37	溝通能力培訓遊戲	420 元
38	如何建立內部培訓體系	420 元
39	團隊合作培訓遊戲(增訂四版)	420 元

《傳銷叢書》

4	傳銷致富	360 元
5	傳銷培訓課程	360 元
10	頂尖傳銷術	360 元
12	現在輪到你成功	350 元
13	鑽石傳銷商培訓手冊	350 元
14	傳銷皇帝的激勵技巧	360 元
15	傳銷皇帝的溝通技巧	360 元
19	傳銷分享會運作範例	360 元
20	傳銷成功技巧（增訂五版）	400 元
21	傳銷領袖（增訂二版）	400 元

22	傳銷話術	400 元
23	如何傳銷邀約	400 元

《幼兒培育叢書》

1	如何培育傑出子女	360 元
2	培育財富子女	360 元
3	如何激發孩子的學習潛能	360 元
4	鼓勵孩子	360 元
5	別溺愛孩子	360 元
6	孩子考第一名	360 元
7	父母要如何與孩子溝通	360 元
8	父母要如何培養孩子的好習慣	360 元
9	父母要如何激發孩子學習潛能	360 元
10	如何讓孩子變得堅強自信	360 元

《成功叢書》

1	猶太富翁經商智慧	360 元
2	致富鑽石法則	360 元
3	發現財富密碼	360 元

《企業傳記叢書》

1	零售巨人沃爾瑪	360 元
2	大型企業失敗啟示錄	360 元
3	企業併購始祖洛克菲勒	360 元
4	透視戴爾經營技巧	360 元
5	亞馬遜網路書店傳奇	360 元
6	動物智慧的企業競爭啟示	320 元
7	CEO 拯救企業	360 元
8	世界首富　宜家王國	360 元
9	航空巨人波音傳奇	360 元
10	傳媒併購大亨	360 元

《智慧叢書》

1	禪的智慧	360 元
2	生活禪	360 元
3	易經的智慧	360 元
4	禪的管理大智慧	360 元
5	改變命運的人生智慧	360 元
6	如何吸取中庸智慧	360 元
7	如何吸取老子智慧	360 元
8	如何吸取易經智慧	360 元
9	經濟大崩潰	360 元
10	有趣的生活經濟學	360 元
11	低調才是大智慧	360 元

《DIY 叢書》

1	居家節約竅門 DIY	360 元
2	愛護汽車 DIY	360 元
3	現代居家風水 DIY	360 元
4	居家收納整理 DIY	360 元
5	廚房竅門 DIY	360 元
6	家庭裝修 DIY	360 元
7	省油大作戰	360 元

《財務管理叢書》

1	如何編制部門年度預算	360 元
2	財務查帳技巧	360 元
3	財務經理手冊	360 元
4	財務診斷技巧	360 元
5	內部控制實務	360 元
6	財務管理制度化	360 元
8	財務部流程規範化管理	360 元
9	如何推動利潤中心制度	360 元

為方便讀者選購，本公司將一部分上述圖書又加以專門分類如下：

《主管叢書》

1	部門主管手冊（增訂五版）	360 元
2	總經理手冊	420 元
4	生產主管操作手冊（增訂五版）	420 元
5	店長操作手冊（增訂六版）	420 元
6	財務經理手冊	360 元
7	人事經理操作手冊	360 元
8	行銷總監工作指引	360 元
9	行銷總監實戰案例	360 元

《總經理叢書》

1	總經理如何經營公司(增訂二版)	360 元
2	總經理如何管理公司	360 元
3	總經理如何領導成功團隊	360 元
4	總經理如何熟悉財務控制	360 元
5	總經理如何靈活調動資金	360 元
6	總經理手冊	420 元

《人事管理叢書》

1	人事經理操作手冊	360 元
2	員工招聘操作手冊	360 元
3	員工招聘性向測試方法	360 元

工廠叢書 (113)　　售價：420 元

企業如何實施目視管理

西元二〇二〇年二月　　初版一刷

編輯指導：黃憲仁

編著：鄭貞銘

策劃：麥可國際出版有限公司（新加坡）

編輯：蕭玲

校對：劉飛娟

發行所：憲業企管顧問有限公司

電話：（02）2762-2241　（03）9310960　0930872873

電子郵件聯絡信箱：huang2838@yahoo.com.tw

銀行 ATM 轉帳：合作金庫銀行　帳號：5034-717-347447

郵政劃撥：18410591　憲業企管顧問有限公司

登記證：行政業新聞局版台業字第 6380 號

本圖書是由憲業企管顧問（集團）公司所出版，以專業立場，為企業界提供最專業的各種經營管理類圖書。

圖書編號 ISBN：978-986-369-089-4